開発者のための市場分析技術

顧客を洞察するための分析アプローチ

丸山 一彦 [編著]　杉浦 正明 [著]

日科技連

まえがき

統計学を本当に仕事に使えているのか？

　昨今さまざまな場面で，統計結果を用いて意思決定することが，身近で，日常的になってきている．人気のスイーツ店からお昼のランチまで，Webおよび情報誌の平均満足度や人気ランキングを用いてお店選びをしている光景をよく見かける．統計学（データ分析）がこれだけ生活の一部（道具）になっていることから，当然ビジネスの世界では，多くの重要な意思決定場面で統計学が用いられ，ビジネスツールとして必須の武器になってきている．しかし，統計学の演習問題も解け，ある程度統計学が使える気になっているのに，本格的に統計学を自身の業務課題に活用しようとすると，何をどうしていいかわからない方が多いのではないか．統計学の基本統計量ですら，「自身の仕事に何をしてくれるのか」という視点で，その役割や価値をきちんと学んだだろうか．

　現在は，使いやすい高度なコンピュータとソフトウェアが普及し，統計学の計算プロセスやしくみをきちんと理解しなくとも，統計学を簡単に使えるような気にさせてくれる．そのため多くの方々は，知らず知らずのうちに，統計学の全容学習や，基礎知識の取得をせずに，必要性に応じて統計学の領域を，「当てはめて使うという提供されたフレームワークツール」の観点のみに立って，つまみ食い的な学習をしていると考えられる．

　このような学習を続けていると，「統計学を使えている」という過信を生み，重大な問題発生に繋がっていく．例えば，国の重要法案を審議するに当たって，その意思決定の材料となるとりまとめた資料が厚生労働省から提出されたが，2018年2月頃にデータの用い方や分析結果の解釈に誤用が多数発見された．そのことで，その資料にもとづいて誤った答弁を内閣総理大臣が行っていたことが発覚して大問題となった．高度な知識をもつ専門職の方々ですら，統計学の基本的な部分についての間違いを重要な場面で犯していたのである．

　このような状況のなか，ビックデータ解析，データマイニング，機械学習な

ど,高度な統計手法がビジネスの世界に次々と提案されている.統計学の基本知識や適切な適用方法をきちんと理解されていない方々が多いなかで,これらの最新手法を適切に,そして有効に活用することはできるだろうか.

統計学にまつわるモヤモヤ感の正体

統計学が,(特に仕事に活用しようとすると)モヤモヤとして何となく理解できないとなってしまう原因は,次のような点にあると考える(図1).

統計学を数学の観点から捉えると,データ収集の段階からも含まれる「厳格な手続き処理(ルールブックのようなもの)」の妥当性の先にある,「(優れた理論的数学解法プロセスによって描かれた芸術作品のような)美しい分析結果」をゴールに置いていると感じる.ところが,統計学を実務に活用する立場では,泥くさい分析結果から得られた知見でも,そこから「何をどのように見て,妥当性ある推論(目的のために役立つ手続き処理)が行えるか」をゴールに置かざるを得ないことが多いため,求めている妥当性の観点と最終ゴールが異なる.

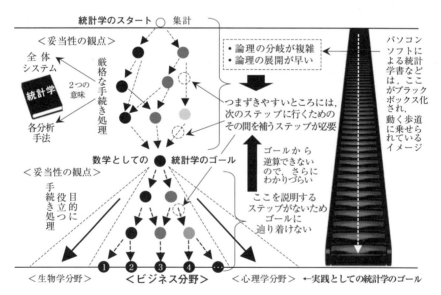

図1　実践活用への統計学が理解しづらくなる構図

そのため，統計学を実務に活用する立場からは，統計学の厳格な手続き処理の妥当性が，現実の自身の問題に置き換えたときに，どのゴールに向かっているのかわからなくなる．こうして，「何」を「どのように見て」いるのかイメージすらもできず，統計学の複雑で長い，厳格な手続き処理が頭に入ってこなくなる．また，数学は演繹的に説明されるため，結論を導き出すプロセスのなかの1つでもわからない（頭に入ってこない）ものがあると，当然わからないところの先からは，どれだけ丁寧に説明されても，全く理解できなくなってしまう．

つまり，自身の課題・問題に統計学を活用しようとしたとき，統計学が理解できない要因は，計算ができないからではなく，以下の点にあると考える．

①「実践のゴール」と「ゴールまでのステップ」が示されていないこと
②厳格な手続き処理のステップで，「次のステップに行くための理解を手助けする補助ステップ」が用意されていないこと

特に，文章で説明すると4〜5行程度かかりそうな内容を，数学記号（Σ, $\int$, $\sin\theta$, $P(A)$, $H: \mu = 3$…等々）を用いて，美しく（簡略化して）表現している厳格な手続き処理を理解するためには，「なぜそのようなステップを踏むのか」という目的と価値を示した補助ステップの手助けが必要なのである．

本書の特長

これらのことを踏まえて，本書には次の特長をもたせた．

①統計学の複雑な流れやつながりをわかりやすくするために，統計学を作業プロセスの視点から，3つの「データ収集→データ分析→意思決定」プロセスというシンプルな一連のシステムで捉えている．こうすることで，統計学の基本知識や適用方法を「インプット→処理機構→アウトプット」という作業手順とプロセス連鎖という観点から理解できるようになる（**図2**）．

②数学としての統計学のゴールから実践としての統計学のゴールまでのステップを通覧させるため，統計学の「厳格な手続き処理」の部分を「データ分析の計算的な行為プロセス」，統計学を活用する「目的に役立

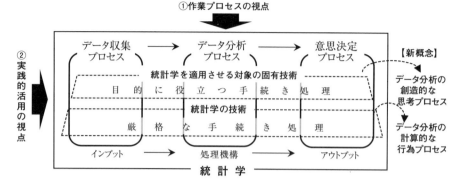

図2　本書の特長

つ手続き処理」の部分を「データ分析の創造的な思考プロセス」という新しい概念で，統計学を解説している．統計学の技術を土台にしながらも，統計学を活用する目的に対して，「何のために，なぜそのようなデータを収集・分析・解釈・意思決定できるのか」という「データ分析の創造的な思考プロセス」を理解できるようになる(図2)．

③統計学を，作業プロセスの視点と実践的活用の視点から複合的に見ることで，最終ゴールまでの主要な全ステップが俯瞰できるため，理解不足になりそうな「つまずきやすいところ」に，理解を手助けする補助ステップ(考え方の説明)を設けている．そのため，数式展開や計算演習よりも統計学や各分析手法の考え方や役割の理解に重点を置いて，文章と図解を多く使用して解説している．

本書の特色

さらに本書は，実践としての統計学の活用ゴールを示すために，統計学を適用する対象を「商品開発のための市場に関するデータ分析」に絞っている．商品開発のための市場に関するデータは，人(顧客)の評価によって得られている．また，人それぞれさまざまな影響を市場から受け，論理的や非合理的などの複雑で個性的な意思決定のメカニズムをもっている．そのため，機械・部品や人

以外の生物を対象に用いてきた統計学とは，かなり異なる統計学の適用技術が必要になる．さらに商品開発では，使用実態や売上げ実績などの現状を把握するデータ集計ではなく，「どのようにしたら顧客は喜ぶのか，感動するのか」という「欲しい・満足した」の背後にある「顧客の価値観や購買決定要因を洞察するためのデータ分析」が必要になる．そのため，この対象で統計学を有機的かつ効果的に活用したいと考えることは，多くの企業で共通する切実な重要課題だといえる．

よって，本書には研究提案書の要素も含まれている．商品開発の重要な（企画部門が行った市場分析を的確に引き継ぎ活用し，開発部門での市場分析を進めるという難しい）場面に焦点を当て，市場分析の技術を解説するということは，市場分析のプロセス保証についても考えることを指摘している．さらに，「市場を理解する行為主体者として，製品開発者は商品企画部門のどのプロセスに，商品企画者は製品開発部門のどのプロセスに，どうかかわっていくか」の問題も浮き彫りにしたうえで，製品開発者と商品企画者が一緒に協働して，市場分析活動を設計・進行する「企画のサイマル化」も提唱している．本書の限られた紙面のなかでは，すべてを解説することは難しいため，共感してくださる方々には，共同研究などの場を活用して対応できればと考えている．

本書の対象読者

以上のように本書は，現在，市場分析の切実な悩みや課題をもった多くの読者に，実感をもって学べるスタンスになっている．さらに，適用対象を絞りながらも，より多くの読者が本書の内容を理解できるように，各企業および各商品によって異なる商品開発の基礎知識を補う解説も付け加えた．**第1章**を読んでいただけると類書との違いを感じていただけるであろう．これらの特長・特色から，本書では次の方々を読者として想定している．

　①市場分析を実務で活用または学ぶ開発者（設計，実験，品質保証の実務関係者）およびプロジェクト開発リーダー
　②市場分析を実務で活用または学ぶ企画者および企画リーダー

③新商品開発を管理するマネジャーや品質保証責任者
　④統計学や市場分析を学ぶ大学院生および学部生
　⑤統計学，市場分析，商品開発に興味関心のある一般読者

　なお本書では，市場分析を「統計学を活用して，商品開発のための市場に関するデータを分析すること」と定義する．よって，市場分析の技術とは，「①統計学の技術」と「②商品開発のための市場に関するデータ活用の固有技術」の２つのことを指す．さらに技術とは，「ある物事を巧みに行う一定の方法や手段」を意味し，技術を得るために必要な「市場分析の知識」も含まれている．

　執筆に当たっては，自動車企業で，製品開発，市場調査・分析，マーケティングの実務を担ってきた杉浦と，教育研究機関の大学・大学院で，マーケティング，新商品開発マネジメントを講義・研究してきた丸山が，それぞれの強みとなる実践的・理論的な部分を分担した．このように本書は，各章を２人で分担しながら，月に数回の研究会を開催し，それぞれの経験や研究を持ち寄り，内容や構成について２人で議論した数年の蓄積をまとめたものである．

　筆者と杉浦の交流はもう20年以上になる．市場分析の社内教育は元より，市場分析の実践でのさまざま課題について，多くの有益な議論を行ってきた．その都度，はっとさせられる新しいアイデアのヒントを与えてくださった．いつまでも，顧客の心を捉えたものづくりへの情熱が冷めないお姿に，感銘を受けている．また多くの企業の方々とも，社内研修や研究会などで出会ってきた．このような方々と出会い，ものづくりについての取組みや悩みを伺え，方法論や解決策について，共同研究できたことで，筆者を実践面や適用方法面で強くしていただいた．それらすべてのご教示，ご支援，ご協力が本書へと繋がっている．多くの方々との出会いと活動に，心から感謝したい．

　なお最後に，本書は，日科技連出版社の鈴木兄宏部長と田中延志係長のご尽力により形となった，ここに厚く御礼申し上げる．

　2018年11月　夕暮れせまるセントーサ島にて

編著者　丸山一彦

開発者のための市場分析の知識と技術
目　　次

まえがき　*iii*

第1章　市場分析を取り巻く環境と課題(執筆：丸山・杉浦) ─── *1*
 1.1　実務に役立つデータ分析の構図とは ……………………………… *1*
 1.2　商品開発についての基本的な予備知識 …………………………… *6*
 1.3　市場分析が必要となる商品開発プロセスと担当者 …………… *19*
 1.4　開発者が市場分析を必要とする2つの場面 …………………… *22*
 1.5　本書の道先案内 ……………………………………………………… *30*

第2章　データ分析の創造的な思考プロセス(執筆：丸山・杉浦) ─── *33*
 2.1　市場分析活動の設計の基本と注意点 …………………………… *33*
 2.2　製品企画の立案場面(場面1) ……………………………………… *36*
 2.3　製品発売後のフィードバック場面(場面2) …………………… *48*

第3章　統計学の理解を手助けする基礎知識(執筆：丸山) ─── *55*
 3.1　統計学の分析視点 …………………………………………………… *55*
 3.2　統計学とデータ収集の関係 ………………………………………… *58*
 3.3　統計理論における調査法 …………………………………………… *59*
 3.4　統計理論における実験計画法 ……………………………………… *75*
 3.5　統計学の迷宮の構造とは …………………………………………… *85*
 3.6　要約の概念による統計学の各分析手法の位置づけ …………… *88*

第4章 記述統計・推測統計による市場分析（執筆：丸山） ── 97
- 4.1 記述統計と推測統計の関係 …… 97
- 4.2 一変数のデータを記述統計的に分析する手法 …… 98
- 4.3 二変数の差・関連性を記述統計的に分析する手法 …… 107
- 4.4 二変数の差を推測統計的に分析する手法 …… 122
- 4.5 三変数以上の差を推測統計的に分析する手法 …… 152

第5章 多変量解析による市場分析（執筆：丸山） ── 161
- 5.1 多変量解析の概論 …… 161
- 5.2 重回帰分析(多変数の要因を分析する手法Ⅰ) …… 162
- 5.3 数量化Ⅰ類(多変数の要因を分析する手法Ⅱ) …… 181
- 5.4 因子分析(多変数の構造を分析する手法Ⅰ) …… 189
- 5.5 クラスター分析(多変数の構造を分析する手法Ⅱ) …… 206
- 5.6 数量化Ⅲ類(多変数の構造を分析する手法Ⅲ) …… 212
- 5.7 ポジショニング分析(総合マッピング分析手法) …… 218

第6章 市場分析における調査設計（執筆：杉浦） ── 223
- 6.1 市場分析における調査設計の基本と注意点 …… 223
- 6.2 開発者が必要とする活用調査の調査設計 …… 223
- 6.3 開発者が独自に行う調査の調査設計 …… 234

あとがき …… 241
索　引 …… 242

第1章 市場分析を取り巻く環境と課題

1.1 実務に役立つデータ分析の構図とは

1.1.1 統計学とは

　伝統的な統計学の専門書[1]~[3]によると，統計学は「数字データ（何らかの客観的な対象の性質や現象を数字で表したもの）というものを，どのように分析し，どのような判断を下したらよいかを論ずる学問」となっている．そして，分析する中心的な内容は「①現象の法則性を知るために，全てを丹念に調べ，規則性から法則性を見出すことや②一部を観察して，そこから論理性のある推測で全体の法則性を発見することである」としている．つまり，統計学は「与えられたデータを整理し，有用な情報を取り出す方法論」と解説している．

　これらをまとめると，統計学は「規則性・法則性を察知・発見するために，データを分析し，その結果をもとに判断するための，有用なプロセス・方法に関する知識の体系」といえる．

1.1.2 統計学の使用範囲の拡がりとその課題

　上述のとおり，統計学は知識の体系であるからこそ，学問の対象になり，また，有用なプロセス・方法でもあるからこそ，役立つツールとして幅広い実践や実務に多用されている．そのため，統計学の書籍も，それぞれの捉え方の視点に立った，さまざまなものが存在するようになり（生物学，医学，心理学，経済・経営学，ビジネス業務などに活用したもの，各分析・解析手法に特化し

たもの，Excel，SPSS，R などの統計ソフトを用いたものなど），統計学の価値も一段と高まっている[4][5]．

その反面，各分野に細分化・複雑化した統計学は，それぞれの捉え方の視点を適切に理解しないと，どのような統計学の技術を学んでいるのか，わからなくなることが多い．なぜなら，統計学は知識の体系であるからこそ，体系の原理をきちんと理解しないと，複雑で入り組んだ迷宮（詳しくは第3章で説明）で苦労し，悩むことが多くなる．また，有用なプロセス・方法でもあるからこそ，統計学を適用する対象ごとの固有技術も必要になる．そのため，重要な意思決定に統計学を活用しても，統計学の基本的な理解と適用対象の固有技術が不足した状態では，有用なプロセス・方法も十分に機能しない．それだけでなく，間違った意思決定を起こす可能性もあり，重大な問題の発生にもつながりかねない．

1.1.3 市場分析活動をシステムとして捉える

市場分析活動を作業プロセスの視点で捉えると，図1.1に示すように，①データ収集プロセス，②データ分析プロセス，③意思決定プロセスという作業の流れに分解できる．市場分析は，データ収集プロセスで，観察・調査・実験

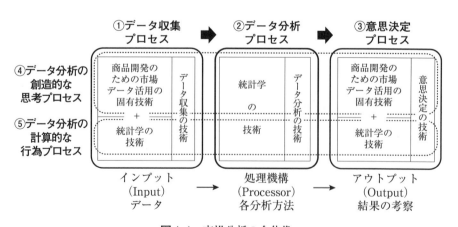

図1.1 市場分析の全体像

によって収集したデータを，データ分析プロセスのインプットとして入力し，データ分析プロセスで，各分析方法という処理機構によって処理(分析)され，意思決定プロセスにアウトプットとして結果が出力され，意思決定プロセスで，アウトプット結果にもとづいた考察・意思決定が行われる．

このように各プロセスは独立的に働くものではなく，連鎖的に働くものになっており，市場分析活動は一連のシステムと捉えることができる．つまり，システムという一連のセットとして，市場分析活動を理解する必要もある．「データ分析」と考えると，図 1.1 に示した「②データ分析プロセス」だけを捉えてしまい，各分析方法の技術だけを単独で高めがちである．しかし，データ分析のインプットとなるデータが収集できていなければ，データ分析という処理機構を動かすこともできない．また，意思決定プロセスでの技術を持ち合わせていなければ，目的なく処理機構を動か(分析)していることになり，処理機構は動いているが，意味もなくアウトプットがただ出力されるだけになる．

1.1.4 市場分析活動のプロセス保証を考える

市場分析活動をシステムとして捉えることは，「市場分析活動の質を保証することを目的とした，市場分析活動のプロセス保証[6]をどのように構築していくか」の問題ともいえる．よって，市場分析の技術は，ばらばらに理解を高めるのではなく，このシステムの体系に合わせて，データ収集・データ分析・意思決定のそれぞれのプロセスの技術を高めるとともに，これらのプロセスを確実に連鎖させる技術も高めることで，市場分析活動の結果の質を高めることができるのである．加えていうと，ここまで習得することで，会得してきたデータ分析の技術が真価を発揮し始めるのである．その意味では，市場分析の技術とは，このシステムを有機的に機能させる技術も含まれていることになる．

1.1.5 データ分析の 2 つの側面を理解する

さらに「データ分析」については，「創造的な思考プロセス」と「計算的な行為プロセス」の2つの側面も考えなければならない．しかし，統計学の類書

では，図1.1に示した「⑤計算的な行為プロセス」の側面についてのみ触れることが多い．

例えば，A分析を使用するためには，「◯◯タイプのデータを収集し，A分析を行うことで，△△の意思決定が行える」というような，「分析の計算を行うために必要なデータ収集について」と「分析結果を正しく解釈することについて」などが，計算的な行為プロセスの側面に当たる．

このような計算的な行為プロセスの枠組みが提示されることで，分析手法の使い方の感覚がわかり，この設定の枠組みのなかで，分析手法の例題を解き，分析手法をExcelやSPSSなどの統計ソフトで動かすことで，分析手法の中身に専念して技術を得ていくことができる．しかし，このことは反面，「データ収集・意思決定プロセスについて，創造的に考える」という思考プロセスが欠落することでもあり，誇張していうと，「数値計算(数式展開)，またはコンピュータ処理という行為の側面のみにおけるデータ分析の技術しか得られていない」ともいえる[7]．

本来データ分析は，誰かのある目的に対する意思決定に役立つものとして用いられるはずである．ということは，「どのようなデータを集め，どのように分析すれば，どのような意思決定に役立つか」を考える「データ分析の創造的な思考プロセスの側面」に関する技術も会得する必要がある．統計学を実践・実務で有効的に活用するためには，ここがとても重要になる．

1.1.6 データ分析の創造的な思考プロセスの重要性

例えば，商品の選好に影響する要因を分析し，最も影響する要因を魅力的な要素として製品開発を始めるために，要因分析を用いることを考えたとする．図1.1の⑤の計算的な行為プロセスの側面でこのデータ分析を考えると，①のデータ収集プロセスで，目的変数，説明変数を量的データとして収集し，②のデータ分析プロセスで，そのデータを重回帰分析する．そして，③の意思決定プロセスで，重回帰モデル式の適合度やt値の統計量から，各説明変数の目的変数への影響度を意思決定していく．これで確かにデータ分析はできるが，

「誰かのある目的に対する意思決定に役立つか」と考えると，多くの場合，役立つとは言い切れない．つまり，①のデータ収集プロセスで，「商品の選好に影響する要因」を「データとして的確に収集」できていなければ，どれだけデータ分析（この例では重回帰分析）しても，選好に最も影響する要因を分析結果から導出できないのである．

つまり，④の創造的な思考プロセスの側面で，「どのようなデータを集め，どのように分析すれば，どのような意思決定に役立つか」も考えなければ，計算としてのデータ分析は適切に行えるが，役に立つデータ分析は行えないのである．もちろんデータ分析の計算的な行為プロセスを理解していなければ，創造的な思考プロセスも考える段階にはいかないが，この2つの側面についても，セットとしてデータ分析を理解する必要がある．

難しい統計学の演習問題は解けるのに，仕事に活用しようとすると，自身の業務課題から，それに役立つデータ分析の活用に落とし込めていない方々は，「"何"のために，"なぜ"そのようなことを行うのか」という，データ分析の創造的な思考プロセスの側面への学びが必要といえる．市場分析システムを有機的に機能させる技術の要は，このデータ分析の創造的な思考プロセスの側面にあり，これには適用対象の固有技術が大きく影響するのである．

1.1.7 本書で取り上げる市場分析の適用場面

本書では，適用対象である，商品開発のための市場に関するデータ分析の創造的な思考プロセスの側面も解説していく．そのため，適用対象をより具体的にし，「商品開発のどのような場面への適用であるか」を明確にする．なぜなら，適用場面を具体的に絞ることで，商品開発のための市場に関するデータ活用の「どのような固有技術が必要であるか」を特定することができ，データ分析の創造的な思考プロセスを考えやすくさせてくれる．

ただし，各企業，各商品によって，商品開発についての基礎知識が異なると考えられ，より本書の適用対象を多くの読者に，適切に理解してもらうため，次節で，商品開発において汎用的に理解できる「基本的な予備知識」を解説す

る．このような予備知識を必要としない読者は，読み飛ばしても構わない．

　さらに本書は，単なる例として具体的な適用場面を挙げるのではなく，現在，市場分析が特に必要となる具体的な場面を適用例として取り上げることで，市場分析の切実な悩みや課題をもった読者に，実感をもって学べるスタンスをとっている．そこで，1.3節では，次節で解説した商品開発についての基本的な予備知識を用いながら，「現在，商品開発のどのプロセスで，どのような担当者に，市場分析が必要となるか」を解説し，1.4節ではさらに場面を絞り，市場分析が必要な2つの場面を適用例として提示する．

1.2　商品開発についての基本的な予備知識

1.2.1　自動車の商品開発プロセスと用語

(1) 汎用的に表現できる典型的な商品開発プロセスの必要性

　企業によって，商品によって，その商品開発プロセスはさまざまに存在する[8]．また，商品開発プロセスは，非常に複雑なプロセスであり，試行錯誤やフィードバックによる修正を繰り返すことがあるため，単純な一連のプロセスで示すことは適さないという見解[9]もある．

　しかし，ある目的に向かって組織的に適切な活動を行う，またはマネジメントを行うという立場から考えると，典型的な商品開発プロセスの提示は，商品開発に関する有益な議論や知見を得る糸口となり，商品開発の構図を論理的に記述する道具として，非常に役立つと考えられる．

　そこで，さまざまに考えられる商品開発プロセスについて，汎用的に表現できそうな典型を考えるために，自動車企業を例として大枠で概観し，全体の流れ，各部門の役割と担当領域，各部門で行われる商品開発業務の概要を見ていく．

(2) 日産自動車の商品開発プロセスと体制の概要

　『日経ビジネス』[10]によると，2000年以降日産自動車では，新商品の企画・

1.2 商品開発についての基本的な予備知識

開発を，車種ごとのプロジェクト体制（図1.2）で行い，企画，開発，デザイン，製造というプロセスで，商品開発が進められている．そして，車種ごとに，商品企画・制作にかかわる責任者（プログラム・ダイレクター）が存在し，新車1台の商品開発の各分野を商品企画，開発，マーケティング，デザイン，コスト管理と区分けして，各分野を専門の担当者がそれぞれ業務を行っている．プログラム・ダイレクターと各部門（分野）の責任者は，お互いに横並びで商品開発にかかわり，プロジェクト活動として進めている．また，図1.2の企画，開発，販売・マーケティング，デザイン，製造，購買の各分野は，そのまま部門の業務を表している．

商品企画部門は，製品競争力（特に顧客志向）に関する部分をもっぱら担うことで，顧客の要望を取り込み，製品コンセプトを，製品開発活動全体に行き渡

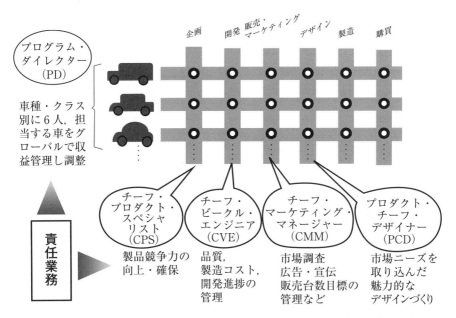

出典） 日経ビジネス編（2000）：「特集 日産改革の真実 自由と責任与え車作りに変化の兆し」，『日経ビジネス』，11月13日号，p.40．

図1.2 日産自動車の典型的な商品開発プロセスの概略

らせることに注力する役割を担っている[11]．開発部門やチーフ・ビークル・エンジニアは，設計や実験，生産技術など，自動車を開発するうえでの技術的な部分について，全体を統括する役割を担っている[12]．デザイン部門は，商品コンセプトおよびデザイン戦略にもとづき，市場ニーズを取り込んだ魅力的なデザインづくりを担い，販売・マーケティング部門は，商品コンセプトおよび市場調査にもとづいた広告・宣伝の策定と，販売戦略にもとづいた販売台数の目標管理を担っている[13]．

(3) トヨタ自動車の商品開発プロセスと体制の概要

安達[14]によると，トヨタ自動車では，図1.3に示すように，企画，開発，生産（購買を含む），販売というプロセスで商品開発が行われている．デザインは工業意匠という名称で，開発業務に含まれている．また，主査という名称で，車種ごとに全業務分野を統括するマネジャーが置かれている．商品コンセプトは，企画段階で，開発構想（開発の狙いの形）として提案される．

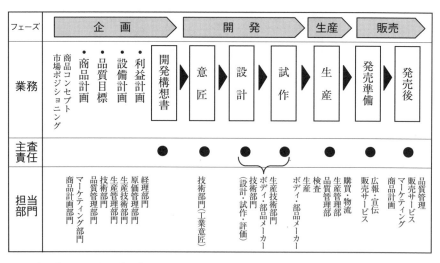

出典）安達瑛二(2014)：『ドキュメント　トヨタの製品開発』，白桃書房，pp.7-9にもとづき筆者作成．

図1.3　トヨタ自動車の典型的な商品開発プロセスの概略

(4) 本田技研工業の商品開発プロセスと体制の概要

長沢ら[15]によると，本田技研工業では，図1.4に示すように[16]，本田技術研究所で，企画，開発というプロセスで商品開発が行われ，その後，本田技研工業で生産が開始される．本田技研工業では，製品開発体制を，本田技術研究所に置き，新技術の先行開発としての研究業務と車種開発に分け，開発業務を2系統にして，商品開発が行われている．

LPL(Large Project Leader)という開発部門のトップは，車種を担当し，開発プロジェクトリーダーのなかのリーダーでもあり，機種計画で提示された大枠にもとづきながら，プロジェクトにかかわる，ボディー，シャシー，エンジン，デザインなどの開発メンバーとチームを組み，開発したい案件の提案や製品のコンセプトを創出する．そのコンセプトをベースに開発が進められ，開発の節目ごとに「開発評価」が行われ，開発内容がチェックされる．そして，量産図面まで完成すると，本社(本田技研工業)に移管され，生産へと進められる

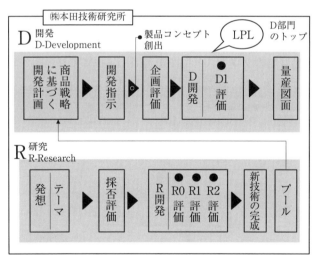

出典）本田技術研究所：「研究開発システム」https://www.honda.co.jp/RandD/system/ (2018年11月現在)にもとづき筆者作成．

図1.4 本田技術研究所における研究開発システムの概略

しくみになっている．

1.2.2 本書で用いる商品開発プロセスと用語

　国内自動車メーカー3社の商品開発プロセスの概略を見ると，3社とも，車種ごとのプロジェクト体制で，「企画→開発→生産→販売」の流れの大枠は基本的に同じである．商品コンセプトについても，策定後に設計開発に入るのは同じであるが，コンセプトを策定する部門について日産自動車とトヨタ自動車は企画部門で，本田技研工業は開発部門の業務のなかで行われる違いがある．また，3社とも，プロジェクト全体を統括する責任者が存在するが，各分野の責任者は，各部門で異なるため，商品コンセプトに関する情報を，商品開発プロセスで的確に一気通貫させるためには，各部門の連携は必要であり，特に商品コンセプトを最初に受け取る部門は重要になる．また，各部門でのサブプロセスになると，名称や業務プロセスの区切りがさまざまになる．

　そこで本書では，1.2.1項で概観した商品開発プロセスの基本の大枠を踏襲し，製造する品を「製品」，商いに用いる品を「商品」として，（自動車企業以外の組織の方々にも本書の狙いとする内容を適切に理解してもらうために）図1.5に示す商品開発のプロセスと用語を用いて，以降で解説していく．

　よって，コンセプトは，製品開発のみならず，デザイン開発，宣伝広告などのプロモーション戦略の源流情報であることを考え，「商品コンセプト」とす

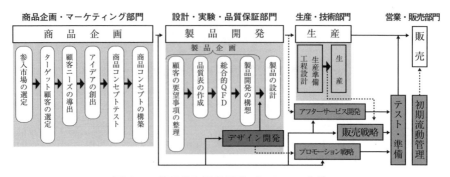

図1.5　典型的な商品開発プロセスの大枠

る．さらに，製造する品を開発する製品企画および製品設計を「製品開発」とし，商品企画から販売までの活動を含めた全体を「商品開発」とする．

そして，本書でいう開発者とは，製品開発に直接かかわる設計，実験，品質保証の実務関係者およびプロジェクト開発時に設置される開発リーダーのことを指す．なお，デザイン開発は，商品コンセプト後のデザイン構築プロセスと製品開発プロセスは異なることと，担当者としての開発者とデザイナーの行う作業・役割の違いを考慮して，製品開発領域には含めながら，並行開発している形と捉える．

1.2.3 市場と顧客

多くの自動車企業は，1.2.2項で解説したプロセスに沿って，各部門がそれぞれの役割を果たしながら，協働して自動車をつくり，市場に新商品（自動車）を投入する．市場での望ましい形は，投入した新商品に対して，多くの顧客が喜んで購入してくれることである．このような望ましい形を創るためには，市場を適切に，そして戦略的に理解する必要がある[17]．

多くの顧客が喜んで新商品を購入してくれる状態を創るためには，顧客（潜在的な顧客も含む）の理解が必要と考えるのが自然である．ただ高度な情報化社会となった現在，多くの顧客は，市場のさまざまな環境に影響を受けて，市場でのさまざまな消費経験によって，商品に対する選好を行っている．つまり「自社の商品に価値を知覚するかどうか」の顧客の評価・判断基準は，市場のさまざまな環境や情報から影響を受けている．

また，この市場のなかから，自社にとって有望な顧客を導出するため，一般的には，図1.6に示すように，商品をタイプや用途別などに分類した「商品カテゴリー」ごとに，顧客を性，年代，居住地域などの顧客属性を用いて，同質的なグループ（セグメント）となる「ターゲット市場顧客（その商品の狙いとなる主購入候補者）」を設定して，それぞれのターゲット市場顧客に対応する商品開発を行ってきた．しかし，2000年以降は，魅力的な商品コンセプトを戦略的に創り上げるために，ある程度顧客を丁寧に分類して，選定し，その顧客

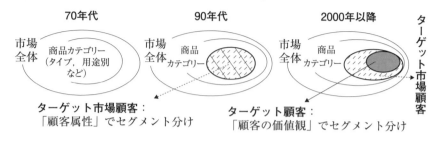

図 1.6 市場の細分化とターゲット顧客の設定

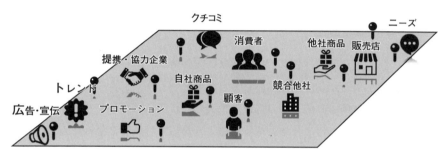

図 1.7 市場のイメージ

群に重点を置いたアプローチが必要になった．そのため，商品企画で，図 1.6 に示すように，市場を従来の商品カテゴリーをベースにした広い考え（製品を中心にして顧客を考える）から，ターゲット市場顧客を顧客の価値観でセグメント分けし[18]，ターゲット市場（狙いとなる市場）をより細分化して，各セグメントのなかから有望な「ターゲット顧客」を探索するようになった．

そのため，昨今では，多くの顧客が喜んで購入してくれるものづくりを行うためには，顧客の選好評価・基準が創られる背景となる，図 1.7 に示すような，さまざまなモノ・コト（顧客，競合品，トレンド，クチコミ，ブランドイメージなども包含した）が存在する市場に対して，創造的に適応[19]していく必要がある．このことは，マーケティングの領域で，市場志向に内含される概念[20]として，顧客志向が用いられていることからも理解できる．そして，市場に対して，創造的に適応していくためには，積極的に図 1.7 に示すようなさまざま

な市場情報を収集し，分析して，分析結果をもとに意思決定していくことが求められる．

このように，本書で用いる「市場分析」とは，前記で解説したさまざまな市場の情報を収集し，顧客の選好評価・基準の背景となる顧客の価値観まで分析することを意味している．

1.2.4 新商品の新しさの意味

新商品の「新しさ」という意味には，さまざまなものが含まれる．市場にとっての新規性と企業にとっての新規性で，新商品の「新しさ」の意味を，図1.8[21]に示すと，①〜③の領域は，自社に存在しない商品の新商品開発であり，④〜⑨の領域は，自社に存在する商品の継続・改良型の新商品開発である．そして，自動車の新商品開発も同様であるが，多くの企業で，④〜⑨の領域での新商品開発の場面が多いと考えられる．

1.2.5 製品開発手法の品質表の概要

QFD(Quality Function Deployment：品質機能展開)[22]は，「マーケティング，設計，生産といった部門横断型の商品開発メンバーが，製品コンセプトの段階から設計属性について，徹底的に議論する製品開発手法」[23]として，知られている．そして，品質表は図1.9に示すように，総合的なQFDにおける品質保証の導入部分であり，機能展開，機構展開，ユニット・部品展開，コスト展開などの設計開発の重要なプロセスにつながる出発点になる[24]．このため，品質表は，顧客の要求と技術的な特性とを二元表の形で示し，商品コンセプトから具体的な製品とするための，設計へつなげる役割を果たすツールであり，顧客言葉を開発者言葉に翻訳するための役割も担っている．

図1.10に，品質表の構成例を示すが，この基本的な作成手順[25]は，以下のとおりである．
- 手順1：顧客の要望事項を出発点として，要求品質項目を選定する．
- 手順2：各要求品質項目を抽象レベルの高い要求から，具体的な要求ま

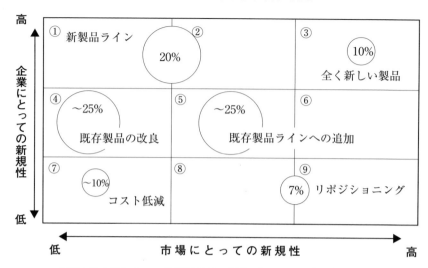

①②ある企業にとっては新規だが,市場にとっては既存の製品
③革新的で,完全に新しい市場を創造する製品
④性能や価値が向上した,もしくは既存製品を置き換える製品
⑤⑥既存の製品ラインを拡張する製品
⑦同様の便益をより低いコストで提供する製品
⑧⑨新しい顧客セグメントをターゲットとした,もしくは新しい
　　使用法・用途にポジショニングされた製品

出典) Dawn Iacobucci［Editor］(2000)：*Kellogg on Marketing*, John Wiley & Sons.（奥村昭博,岸本義之監訳(2001)：『マーケティング戦略論』,ダイヤモンド社,p.174)にもとづき筆者作成.

図1.8　新製品の分類図

　　　で階層構造(三角形表示)に展開し,要求品質展開表を策定する.
- 手順3：各要求品質項目から,各要求品質項目を実現するための技術的な品質特性項目を抽出し,選定する.
- 手順4：各品質特性項目を具体的な品質特性になるまで階層構造(三角形表示)に展開し,品質特性展開表を策定する.
- 手順5：要求品質展開表と品質特性展開表を二元表にし,二元表の各マスの中に要求品質と品質特性の対応関係について,その対応の強さに応じて◎○△の記号を表記させる.

1.2 商品開発についての基本的な予備知識

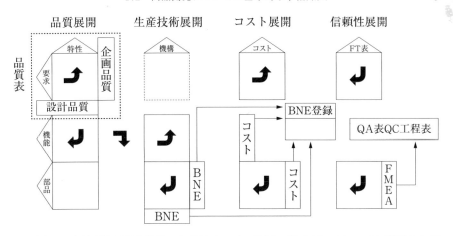

出典) 日本品質管理学会監修, 大藤正 (2010):『JSQC 選書13 QFD 企画段階から質保証を実現する具体的方法』, 日本規格協会, p.27 にもとづき筆者作成.

図 1.9 総合的品質機能展開の流れ

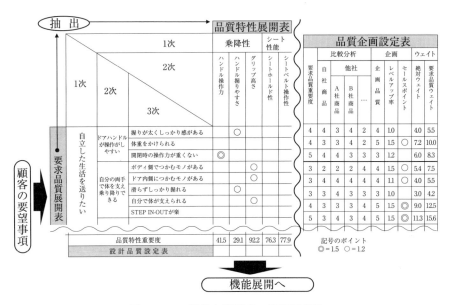

図 1.10 一般的な品質表の構想図(例)

- 手順6：品質表の右横に，各要求品質項目に対する市場の要求の強さを，要求品質重要度と各要求品質項目に対する，自社・競合他社の重要度比較分析などを設定し，企画品質設定表を策定する．
- 手順7：品質表の下には，各要求品質重要度から求められる各品質特性に対する重要度や，各品質特性に対する自社・競合他社の重要度比較分析などを設定し，設計品質設定表を策定する．

1.2.6　車種別の商品開発業務の概要

車種別の商品開発業務では，概略として次のことが行われている（図1.11）．まず，市場情報をベースに商品企画部門で商品企画が行われ，商品の具体的な姿を，ターゲット顧客像と商品コンセプトの形で表現する．このターゲット顧客像と商品コンセプトの形で表現した仮説をインプットにし，製品企画，デザイン開発，生産計画，販売戦略，プロモーション開発などの処理機構を介して，アウトプットの新商品を市場へ投入する．

また，市場導入後は，実際の市場評価と，商品企画や製品開発の計画・目標とのギャップを確認し，課題を抽出して，次期商品開発にフィードバックすることで，長く愛される「商品ライフサイクル」を創り上げていく．このように，商品開発業務は，常に市場情報を起点にPDCAサイクルが回されている．

商品開発業務の上流工程や，商品コンセプトを最初に受け取るプロセスに注

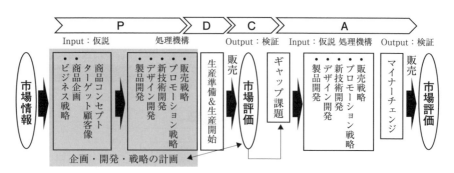

図1.11　車種別の商品開発業務におけるPDCAサイクル

1.2 商品開発についての基本的な予備知識

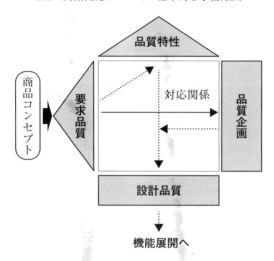

図1.12 品質表作成における要求品質展開から機能展開への流れ

目して詳細を見ると(**図1.5を参照**),商品企画部門が担当車種の商品コンセプトを策定し,次工程に対して商品コンセプトの提案を行う.この商品コンセプト提案を受けて,次工程である開発部門では,製品企画および製品設計を経て,新車開発を行う.さらに,開発者の具体的な作業の流れで見ると(**図1.12**),開発者は製品企画を行うために,商品コンセプトから顧客の要望事項を「顧客の要求品質」として整理・抽出し,総合的なQFDを行う.具体的には,「顧客の要求品質」から「品質特性」に展開し,品質表(二元表)を作成する.さらに,「品質企画」を加えて要求品質と品質特性の対応関係を策定し,それを「設計品質」に展開して,重要な技術特性について設計値を設定する(**図1.12**).そして,「機能・機構展開」を行い,設計,製品化へと進める作業を行う.

このように,商品企画部門と製品開発部門のリレーションシップによって,商品開発プロセスの出だしである顧客の要求項目導出から,製品の具体的な作り込みまでの一連の活動が適切になされなければ,多くの顧客が喜んで購入してくれる状況を創り出すことは難しい.

1.2.7 顧客のさまざまな要望（要求品質）の捉え方

上述してきたように，開発者は製品開発手法を用いて，市場から収集した顧客の要望を整理して，具体的な製品企画の設計を行っていく．この出発点となる「顧客の要望」は，多くの種類とさまざまな言葉で現れる．そのため，ただ羅列していくだけでは，顧客の求めている狙いがわかりづらくなってしまう．

そこで役に立つのが，狩野ら[26]が提唱した製品の物理的な充足状態と満足度の関係を，二元的な認識方法で示したモデルである（図1.13）．図1.13は，横軸が製品のある品質特性の物理的な充足の度合いを，縦軸がその物理的な充足度のときの，ある品質特性に対する満足の度合いを表している．「魅力的品質」とは「それが物理的に充足されれば満足を与えるが，不充足であっても仕方ないと受け取られる品質要素」を，「一元的品質」は「それが物理的に充足されれば満足，物理的に不充足であれば不満を引き起こす品質要素」を，「当

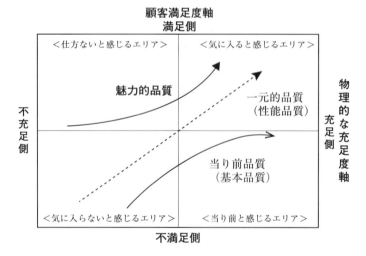

出典）狩野紀昭，瀬楽信彦，高橋文夫，辻新一（1984）：「魅力的品質と当り前品質」，『品質』，Vol.14, No.2, 品質管理学会，p.41を一部加筆修正．

図1.13　魅力的品質と当り前品質の関係

り前品質」は「それが物理的に充足されれば当り前と受け取られるが，物理的に不充足であれば不満を引き起こす品質要素」を意味している．

　TQM(Total Quality Management：総合的品質管理)では，「品質の良さは顧客の満足によって測られる」[27]と考えられており，顧客のさまざまな要望から品質特性を考える場面では，このような満足度との二元的な捉え方で整理された品質要素(当り前・一元的・魅力的品質)を用いて，体系的に考えると，顧客の求めている狙いが，理解しやすくなる．

　なお，品質表の要求品質展開の「要求」は，本来，品質保証を目的として使われる用語であり，「魅力的品質」を取り上げる場合は，要求ではなく，「期待(要望)」を考えるべきであり，要求品質ではなく，期待項目として抽出することが適している[28]．つまり，魅力的品質に関する要求品質は期待のことであり，期待に応えられれば顧客の満足が得られる性格のものである．それに対して，当り前・一元的品質に関しては，顧客の要求に対する要求品質であり，要求に応えられていなければ不満になるという，従来の品質保証の考えにもとづくものである．そこで本書では，魅力的品質の場合でも，要求品質展開の用語を便宜的に使用しているが，内容は顧客の期待項目の展開を意味している．

1.3　市場分析が必要となる商品開発プロセスと担当者

1.3.1　商品企画部門が行う市場分析

　商品開発においては，昨今市場の理解が必要ななかで，市場情報を絶対的に必要とするのが，商品コンセプトを創る商品企画部門である(図 1.5 を参照)．特に，狙いとする顧客の像と求められる商品の具体的な姿を表した商品コンセプトは，商品開発活動全体の方向性を示すものでもあり，後工程の製品開発，デザイン開発，プロモーション戦略，販売促進活動の方向性の源にもなる．そのため，商品企画部門では，市場情報への直接的な接点は多く，市場理解のための技術，スキルに関する蓄積は多いといえる．

1.3.2 商品企画部門と製品開発部門の市場分析に対する視座

製品開発部門の立場から見ると，商品企画部門で行われる市場の理解は，プロジェクト活動全体の適切な方向性を定める戦略立案を行うために用いられており，開発者が求めるような製造する品に関する製品企画(図 1.5 を参照)に特化した市場の理解が十分に得られているとはいいがたい．

さらに，商品企画から製品企画への移行プロセスの特徴は，(ターゲット顧客と顧客の要望に関することが詰まった)商品コンセプトという情報の塊を創り上げる思考プロセスから，製品設計という正確な計量値でさまざまな部品を複雑に組み合わせて作り上げる思考プロセスへと，次元の異なる思考プロセスに大きく変化するところである．商品コンセプトが情報の塊といっても，正確な計量値で表現するプロセスを進行する開発者にとっては，多くの曖昧さと不十分さを感じてしまう．そしてこの移行接点は，商品コンセプトを最初に受け取るプロセスでもあり，さらに，潜在ニーズと技術シーズの出合う重要なところでもあり，独自の新しい価値が生まれる出発点にもなる．

そのため，開発者が製品企画を行うとき，製品開発にかかわる情報の整理・整頓の最初に，品質表(図 1.10 を参照)というツールを用いることがよく知られているが[29]，その品質表作成の出発点である顧客の要求品質(顧客の要望)を，単純に商品コンセプトから的確に導出することは，難しいことが多い．

そこで商品企画部門に対して，次工程(製品開発)での製品企画で，的確な顧客の要求品質が導出できるように，商品企画者が商品コンセプトを品質表にリンクさせるまでのプロセスをシステム化した P7(Seven Tools for New Product Planning：商品企画七つ道具)が開発され[30]，実践で活用されているが[31]，製品開発で必要な技術を開発者と比較すると，商品企画者に品質表作成は難しい点が多い．

1.3.3 製品開発部門が行う市場分析

一方で製品開発部門は，苦情・不具合対策以外では，直接，市場にかかわる

機会が多いとはいえない．また，苦情・不具合対策についても，苦情や不満が出てから対応することが多いため，能動的に市場にかかわっているともいえない．そのため，開発者は，商品開発業務の PDCA を回すなかで(図 1.11 を参照)，市場の理解を意識することを求められていることは認識していても，市場情報を実務の課題に落とし込むことに不慣れな面もある．また，市場を分析する課題に落とし込むまでに，以下のような市場分析に関する課題や悩みがあることから，市場分析を行おうと考えても，二の足を踏む開発者が少なくない．

- 開発者の職場周辺に，市場分析のノウハウがあまりない．
- 実践的な道具としての統計学や各分析手法が理解しづらい．
- 市場情報と自身の経験則や周辺情報を組み合わせて，「何が」や「なぜ」を問える洞察力が不足しており，業務課題の解決策を立てるための仮説構築ができない．
- 業務課題の要因や方策を導くための要因分析力が不足している．
- 業務課題から市場分析課題への落とし込み方がわからない．
- 開発者自らが調査を必要になった場合，調査設計の仕方がわからない．

このように市場の理解が必要とされながら，直接市場にかかわる機会が多くなく，市場分析に関する課題や悩みを抱えている製品開発部門が，多くの曖昧さと不十分さを感じてしまう情報の塊である商品コンセプトだけをインプットとして，製品企画を進行するプロセスにこそ，市場の理解が必要な重要部分であるといえる．そしてこのことは，「開発者が市場の理解の行為主体者として，商品企画部門のどのプロセスにどうかかわっていくのか」の問題でもある．

1.3.4 開発者が必要となる市場分析

以上の観点から，2000 年以降，商品企画部門が魅力的品質要素を追求する機運が高まり，開発者も市場への理解と関心が高まりつつあるなか，自らも市場情報を調査・分析し，製品開発業務に反映させる必要性に迫られてきている．そのため，開発者も，企画部門と協働しながら使用できる「市場を理解する武器(共通言語・道具)」が必要である．それは，正確な計量値で表現するプロセ

スを進行する開発者に適した，統計学を用いた数量的な分析と考える．もちろん，開発者が行う製品開発プロセスでも，観察やインタビュー調査などによる定性的な分析や，個々のさまざまな主観的体験や意見を独自の観点から洞察分析することも必要である．しかし，開発者の実務課題には，ターゲット顧客全体をある概念で一般化し，共通的なものさしで計量した市場情報を科学的に分析し，その結果を組織的に共通活用できることで，とても役立つ点が多いといえる．市場分析の結果を科学的な段階に進化させて活用するためにも，統計学を用いた数量的な分析が必要である．

そこで，次節では，開発者と市場分析に絞り，必ず開発者に市場分析が必要と考えられる2つの場面を抽出し，その各場面の概要と市場分析が必要な背景を解説し，適用する場面を抽出した意図と内容への理解を深める．

1.4 開発者が市場分析を必要とする2つの場面

1.4.1 市場分析が必要となる場面の全体像とその背景

開発者は，多くのさまざまな業務を抱えている．その多くの場面で，市場分析を活用することはできる．そのなかから，ここでは，よりわかりやすく，開発者なら誰もが，必ず市場分析が必要となる「製品企画の立案場面（場面1）」と「製品発売後のフィードバック場面（場面2）」を取り上げる．

開発者は，製品開発の出発点として，顧客の要求を適切に具現化した品質表の作成が求められる．ここで品質表作成を，図1.14に示すように，顧客の要求を「的」にたとえたもので考えてみる．

要求品質項目を策定するとは，「さまざまな的（要求）から，顧客が射貫いてほしい的を適切に選択すること」といえる．そして，品質特性項目を策定するとは，顧客の要求項目に対応した具体的な的の姿・形（多くの技術を用いて表現される的なのか，複雑な技術構成になっている的なのかなど）を，適切に品質特性として表現していくことといえる．また，品質企画を策定するとは，「求められている的（顧客の要求項目）に対して，狙いとする中心の値（要求レベ

1.4 開発者が市場分析を必要とする2つの場面

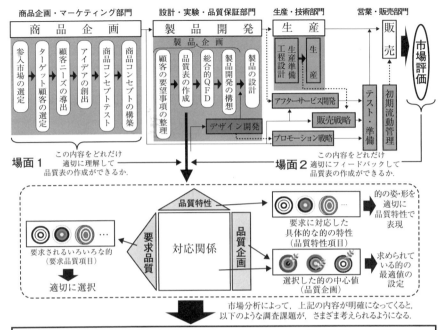

図 1.14　開発者に市場分析が必要となる場面の全体像

ルの最適値)を，どの程度の範囲にするかを選定すること」といえる．つまり，開発者は「○○の的を射貫いてほしい」と発せられた顧客の言葉から，適切な的を見つけ，その的の姿・形を明確にしながら，どれくらいの中心の位置を射貫くと，顧客は感動し，満足するのかを，この品質表を用いながら考えるのである．

この要求品質項目，品質特性項目，品質企画の策定が昨今容易ではなくなってきており，製品企画の立案場面(場面1)，製品発売後のフィードバック場面(場面2)で市場分析が必要となっているのである．

それは，2000年以降，改めて魅力的品質が求められるようになり，このよ

うな背景のなかで，商品企画部門は，顧客の多様な価値観から深く洞察分析し，顧客の潜在ニーズ・期待効用などを顧客の価値観と関連させて，新商品コンセプトを創造するようになった．

しかし，開発者は，図 1.15 に示すように，企画部門から，「(魅力的品質要素の価値が複合化され，かなり練り込まれているものを要約した，コンセプト表現だけの)企画書や商品コンセプト」として受け取るため，顧客の価値観，期待効用との関係などの詳しい背景が見えないまま，魅力的品質要素に関する要求品質項目や品質特性項目の策定を行わなければならない．

例えば，「乗り心地の良さ」が魅力的品質の要求品質項目だった場合，開発者であれば，必要となる技術要素(品質特性)は，ある程度考えられるであろう．しかし，「自分のライフスタイルを表現できる車」や「自分のファッションセンスに合う車」などが魅力的品質の要求品質項目だった場合，適切に技術要素を策定できるだろうか．商品企画側で，どのようにこの魅力的品質を導出し，どのようなターゲット顧客のどのような価値観による「ライフスタイル」「ファッションセンス」であるのか，詳細にそして十分に把握しなければ，的を射た技術要素を考えることは，とても困難になる．もちろん，要求品質項目に対する技術要素の策定が難しいのであれば，その技術要素の最適値を適切に

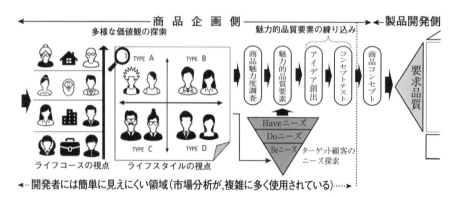

図 1.15　開発者に見えにくい深いレベルの市場情報領域

設定することは，もっと困難になる．

　さらに魅力的品質以外の当り前・一元的品質についても，商品企画部門が行っている市場分析を適切に把握する必要がある．特に当り前・一元的品質の品質特性の(要求レベルの)最適値については，競合商品とビジネス上で激しい競争を行っており，「現在市場で，どのレベルで競争状態になっているか」を適切に把握し，「新商品では競合商品とどのレベルで戦っていくのか」について訴求レベルを品質企画へと適切に設定することが求められる．

　また，継続・改良型の新商品開発では，当り前・一元的品質の品質特性の最適値を策定するのに，商品企画部門や営業部門が調査している前車種の市場評価の情報も役に立つ．新商品が市場に導入され，市場での評判や顧客の評価が思惑どおりに得られていない場合，開発者が顧客の使用実態などを十分に把握できていなかった可能性もある．特に市場環境や競争相手が常に変化している場合は，「品質特性項目および設計品質項目の展開作成に，どのような市場情報の取り入れ不足が生じていたか」を検討し，次期車種の新商品開発には，再発・未然防止として役立てる必要がある．そして，魅力的品質の品質特性で設定した最適値についての適正の是非は，このような市場評価の情報を用いないと，判断がつきにくい．

　さらに，「前車種では魅力的品質要素であった要求品質が，次期新商品では当り前・一元的品質にシフトしていないか」について市場トレンドを把握する必要がある．かつての魅力的品質が当り前・一元的品質にシフトしていた場合，その要求レベルも含めて，(長年の自動車づくりにおける蓄積によって構築された)マスター品質表の適切なリニューアルが必要になる．

　このように，商品企画部門が行った市場分析を適切に理解し，同じデータを活用して開発者の視点による市場分析を加えないと，品質表の中核を成す「要求項目」「品質特性」「品質企画」の作成において，思い込みや勘違いによる顧客の要望との大きなズレが生じてしまう．

　さらに，商品企画部門が行っている前述した内容の市場分析が理解できてくると，市場の情報を取り入れたより精度の高い品質表を作成するため，商品企

画部門が行った市場分析で不足している部分や物足りない部分について，開発者自らが新たに調査を行う，さまざまな調査・分析課題を考えられるようになり，市場の理解を積極的に求めていく活動を増やしていけるようになる．

例えば，開発者自身の考えと顧客の要望をより近づけるために，試作品などを用いた実験調査を行い，商品企画部門が市場分析から導出した要求品質に対する各品質特性の最適値を確認したり，魅力的品質の実現手段として開発された新技術について顧客の評価テストを行い，顧客の受容性や仮説のベネフィット（便益）を検証したりする課題が考えられる．また，高い満足度が得られると期待して設定した各品質特性の最適値で低い満足度の結果を市場評価から得た場合，「どのような部分で，市場情報の取り入れ不足があったか」について自社商品と競合商品を比較しながら，商品力の検証を行うことなどが考えられる．

以上，この2つの場面は，開発者にとっては製品開発を行う出発点でもあり，基本的な部分でもあるが，昨今悩みや課題を多く抱える部分でもある．だからこそ，開発者にとっては重要であり，この2つの場面で開発者の有効な武器として活用できる市場分析の必要性は高いと考えられる．

1.4.2 市場分析のための調査体系と2場面の位置づけ

企業のなかでは，さまざまな調査が行われ，さまざまな市場情報が収集されている．これらの多くの調査について，市場分析のための調査体系を考察すると，3つの調査に整理することができる．これらの3つの調査は，マーケティングの歴史的な発展とともに，品質保証の観点で体系化されたもので，どの企業活動でも，同様な傾向を辿ってきているものと考えられる．

1990年代のモノづくりは，QC（Quality Control：品質管理）からTQMへと，品質保証体系も全社的な取組みに発展するとともに，CS（Customer Satisfaction：顧客満足）活動が盛んに行われるようになった．製品開発も，図1.16に示すように，当り前・一元的品質に重点を置き，自社の商品を購入した顧客から，不満に関する情報をフィードバックし，改善活動が盛んに行われていた．そのため，当り前・一元的品質では，確実に満足が得られる商品開発が行える

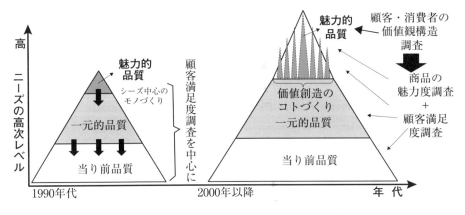

図 1.16　市場分析のための調査体系の歴史的変遷

ように，自社の商品購入者に対して「顧客満足度調査」を用いた市場分析活動が行われるようになった．

2000年に入ると，顧客満足度調査を用いた市場分析活動が充実してきた企業・組織では，より高次のニーズに対応するため，顧客の価値観に訴えかけるモノづくりを目指すようになった．その背景には，競合他社の追随の速さや多くの商品が成熟化することで，90年代では一元的品質要素だったものが当り前品質要素へ，魅力的品質要素だったものが一元的品質要素へとシフトするようになった(90年代の魅力的品質は，シーズから生み出された「性能・機能面」の要素が多かったため，一元的品質要素へとシフトするのが速かった)．さらに急速に進むグローバル化によって，対応しなければならない顧客層の幅が拡がり，顧客の求める当り前・一元的品質の要素も，裾野と高さが拡張されていった(図 1.16)．そのことで，他社の追随を受けにくい，または未成熟な市場を開拓するため，顧客の価値観に訴える魅力的品質の探究を目指すようになった．

そこで CS 活動で培った市場分析活動の基盤をテコにして，戦略的に魅力的品質を探究するため，現在市場に存在するさまざまな商品について，将来の購入候補者に，各商品の魅力度などの商品力を比較評価してもらう調査を行うよ

うになった.このように,さまざまな商品を,商品のいろいろな品質要素で比較させることで,「将来の購入候補顧客が,どのような商品を,どのような観点で魅力的だと知覚するのか」を分析するための「商品の魅力度調査」を用いた市場分析活動が,一般的になってきた.

ただし,多くの企業でさまざまな魅力的品質が実現されていくなかでは,競合商品に勝る魅力的品質を創造していくことは,図1.16に示すように,「どの部分の魅力的品質で,どの程度尖らせるか(個性を引き立てるか)」を導出し,開発していく必要があるが,それはますます難しくなっていく.

そこで,商品の魅力度調査を用いた市場分析活動が充実してきた企業・組織では,さらに戦略的に魅力的品質を探究するため,「顧客が魅力的と知覚する選好評価・基準が創られる背景となる価値観が,どのように構成されているのか」について分析するようになった.そして,ある程度同質的な価値観をもつ顧客をグループに分類し,「各セグメントは,どの部分の魅力的品質で,どの程度尖らせるとよいのか」を調査・分析し,1.2.3項で解説した「ターゲット顧客」を選定して,的確な魅力的品質の導出を行うようになってきた.

このように,戦略的に顧客のニーズにアプローチするため,段階的に市場分析活動を充実させてきた企業・組織は,「顧客の価値観構造」を分析できる設問を,「顧客満足度調査」や「商品の魅力度調査」に組み込み,自社にとって有望なターゲット顧客を適切に選定分析し,顧客の価値観に関連させて,潜在ニーズを深く洞察するやり方に目を向けるようになり,顧客に新たな価値を提案する「コトづくり」の商品企画のやり方に発展している.

この3つの調査体系の特徴を表1.1に示す.各調査の調査対象者と評価対象は,調査目的が異なることから,それぞれ異なる.

顧客満足度調査は,商品の購入者に対して,購入後の商品に対する満足度を測定しているのに対し,商品の魅力度調査は,近い将来,購入予定のある未購入者に対して,関心のある複数の商品の魅力度を測定しているものである.購入者に他の商品の比較評価を聞くことは,購入者バイアスによる評価のゆがみが懸念されることや,未購入者に満足度は聞けないことから,取得できる情報

1.4 開発者が市場分析を必要とする2つの場面

表1.1 3つの調査体系の特徴

	顧客満足度調査	商品の魅力度調査		顧客・消費者の価値観構造調査
		調査	実験	
調査主内容	顧客の保有商品に対する満足度評価	消費者の市場・仮想・試作商品に対する選好比較評価		顧客・消費者の価値観に関する自己評価
回答者	商品保有顧客(購入後)	商品購入候補者(購入前)		商品保有顧客・商品購入候補者
評価対象商品	保有商品	複数の実在カテゴリー商品	複数の仮想コンセプト商品	-
主な設問 商品評価	評価項目別満足度+総合満足度	評価項目別魅力度+総合魅力度		-
主な設問 商品関連評価	購入重視項目,認知経路,購入経緯など	商品認知度,購入意向度など	-	-
主な設問 顧客属性	性, 年齢, 職業, 家族構成など			
主な設問 価値観	生活者・消費者行動, 情報収集・利用源, 所属コミュニティー, 興味関心事, 保有商品に関する銘柄・関与度など			
データ形式	2相2元(評価×回答者)	3相3元(商品×評価×回答者)		2相2元(評価×回答者)
活用方法	CSポートフォリオ分析, 満足度の要因分析など	ポジショニング分析, カテゴリー商品ごとの魅力度要因分析など		マッピング分析, セグメンテーション分析など

注) 相(mode)はデータを構成する変数要素, 元はデータ形式の次元を表す.

には,当然,対象者が置かれた状況の制約が反映されてくる.

また,商品の魅力度調査は,複数の実在するカテゴリー商品を評価する調査と,こちらが想定した選好に影響する属性と水準を組み合わせて作成した複数の仮想コンセプト商品や試作品を評価する実験調査に分かれる.

また，顧客・消費者の価値観構造調査は，単体で調査を行ってもかまわないが，顧客満足度調査や商品の魅力度調査で，顧客・消費者の価値観構造調査の設問内容を組み入れて，セットで行うことが多い．「顧客・消費者が行った"満足・選好"評価・判断基準が，どのように形成・構築されているのか」という背景も導出することが，調査・分析の目的になっていることが多いからである．

　この調査体系について，市場分析が必要となる各場面を考察すると，製品企画の立案場面(場面1)では，商品企画部門で行われたターゲット市場顧客・ターゲット顧客の多様な価値観から深く洞察分析し，潜在ニーズ・期待効用などを導出した市場分析を理解することが重要なので，商品の魅力度調査および消費者の価値観構造調査について，理解を高めることが必要になる．また，製品販売後のフィードバック場面(場面2)では，商品企画部門や営業部門で行われた商品購入者による自社商品の満足度評価の市場分析を理解することが重要なので，顧客満足度調査および顧客の価値観構造調査について，理解を高めることが必要になる．

1.5　本書の道先案内

　以上，この2つの場面を市場分析の適用例として，第2章では，2場面における市場分析活動全体を設計するやり方を取り上げ，データ分析の創造的な思考プロセスの側面を解説していく．

　第3章では，統計学の理解を手助けする基礎知識として，統計学のわかりにくい考え方をシンプルにそぎ落とし，要約という概念を用いて，各分析手法の目的と役割を体系的にわかりやすく解説していく．さらに，データ分析の計算的な行為プロセスの側面であまり触れられることが多くない，データ収集とデータ分析の関係についても解説していく．

　第4章および第5章では，各分析手法の目的，考え方，用い方に重点を置いて，各分析手法をできるだけ図解を用いて，わかりやすく解説していく(数式展開はできるだけ省いている)．第6章では，2場面における調査設計を取り

上げ，開発者が直接調査を行うときに必要な，データ収集プロセスにおける「市場データ活用の固有技術」について解説していく．

それぞれの章は，章の並び順に読み進めてもよいし，市場分析活動の設計（第2章）→データ収集プロセス(第3章・第6章)→データ分析・意思決定プロセス（第4章・第5章）と，作業プロセスごとに読み進めてもよい．また，開発者に必要な市場分析の分析手法(第4章・第5章)をしっかり理解したうえで，その分析を行うために必要なデータ収集プロセス(第3章・第6章)に進み，最後に，市場分析活動全体を設計する「データ分析の創造的な思考プロセス(第2章)」へと読み進めてもよい．

第1章の参考文献
［1］東京大学教養学部統計学教室編(1991)：『統計学入門』，東京大学出版会．
［2］東京大学教養学部統計学教室編(1992)：『自然科学の統計学』，東京大学出版会．
［3］東京大学教養学部統計学教室編(1994)：『人文・社会科学の統計学』，東京大学出版会．
［4］西内啓(2013)：『統計学が最強の学問である』，ダイヤモンド社．
［5］西澤佑介，堀川美行(2017)：「超基本＆即戦力　今すぐ始めるデータ分析」，『週刊東洋経済』，6月3日号，pp.30-69.
［6］日本品質管理学会編(2009)：『新版　品質保証ガイドブック』，日科技連出版社．
［7］河本薫(2013)：『会社を変える分析の力』，講談社．
［8］商品開発・管理学会編(2007)：『商品開発・管理入門』，中央経済社．
［9］延岡健太郎(2002)：『製品　開発の知識』，日本経済新聞社．
［10］日経ビジネス編(2000)：「特集　日産改革の真実　自由と責任与え車作りに変化の兆し」，『日経ビジネス』，11月13日号，pp.38-41.
［11］長沢伸也，木野龍太郎(2003)：「日産自動車の新たな製品開発体制に関する実証実験」，『立命館経営学』，第41巻第6号，pp.241-270.
［12］日産自動車株式会社編(2018)：「スカイラインにかける開発者の想い― SKYLINE BLOG 3年間の軌跡―」，http://www.nissan.co.jp/SKYLINE/BLOG/DEVELOPER/TECHNOLOGY_01/index.html/，アクセス日：2018/11/29.
［13］日経ビジネス編(2000)：前掲書10.

[14] 安達瑛二(2014)：『ドキュメント　トヨタの製品開発』，白桃書房．
[15] 長沢伸也，木野龍太郎(2002)：「本田技研工業および本田技術研究所における製品開発に関する実証研究(1)―「フィット」を事例として―」，『立命館経営学』，第41巻第3号，pp.19-44．
[16] 本田技術研究所：「研究開発システム」，https://www.honda.co.jp/RandD/system/，アクセス日/2018/11/29．
[17] Glen L. Urban, John R. Hauser and Nikhilesh Dholakia(1987)：*Essentials of New Product Management,* Prentice-Hall．(林廣茂，中島望，小川孔輔，山中正彦訳(1989)：『プロダクト・マネジメント』，プレジデント社)
[18] Philip Kotler(1980)：*Marketing Management [4th Edition],* Prentice-Hall．(村田昭治監修，小坂恕，疋田聰，三村優美子訳(1983)：『マーケティング・マネジメント [第4版]』，プレジデント社)
[19] 石井淳蔵(2010)：『マーケティングを学ぶ』，筑摩書房．
[20] 川上智子(2005)：『顧客志向の新製品開発』，有斐閣．
[21] Dawn Iacobucci [Editor](2000)：*Kellogg on Marketing,* John Wiley & Sons．(奥村昭博，岸本義之監訳(2001)：『マーケティング戦略論』，ダイヤモンド社)
[22] 大藤正，小野道照，赤尾洋二(1990)：『品質展開法(1)』，日科技連出版社．
[23] 川上智子(2005)：前掲書20．
[24] 日本品質管理学会監修，大藤正(2010)：『JSQC選書13　QFD　企画段階から質保証を実現する具体的方法』，日本規格協会．
[25] 日本規格協会編(2003)：『マネジメントシステムのパフォーマンス改善　支援技法規格集』，日本規格協会．
[26] 狩野紀昭，瀬楽信彦，高橋文夫，辻新一(1984)：「魅力的品質と当り前品質」，『品質』，Vol.14，No.2，pp.39-48．
[27] 山田秀(2006)：『TQM品質管理入門』，日本経済新聞社．
[28] 神田範明編，大藤正，岡本眞一，今野勤，長沢伸也，丸山一彦(2000)：『ヒットを生む商品企画七つ道具　よくわかる編』，日科技連出版社．
[29] 日本品質管理学会監修，永井一志(2017)：『品質機能展開(QFD)の基礎と活用』，日本規格協会．
[30] 飯塚悦功監修，神田範明編，大藤正，岡本眞一，今野勤，長沢伸也(1995)：『商品企画七つ道具』，日科技連出版社．
[31] 神田範明編，顧客価値創造ハンドブック編集委員会編(2004)：『顧客価値創造ハンドブック』，日科技連出版社．

第2章　データ分析の創造的な思考プロセス

2.1　市場分析活動の設計の基本と注意点

2.1.1　市場分析活動のプロセス

　市場分析活動は，図2.1に示すように，「解決すべき業務課題の整理・分析」から始まり，課題解決に市場分析が必要と判断された場合，市場分析活動の設計に入っていく．

　市場分析活動を設計する内容は，市場分析システムの流れで見ると(図2.1)，「②調査・分析の目的策定」から「⑦目的達成のための分析結果イメージの描写」まであるが，各内容が正確にかみ合ってこそ，調査・分析の目的に合った

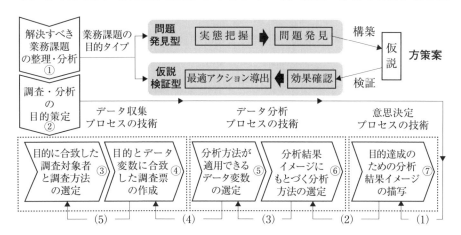

図2.1　市場分析活動の設計プロセスと目的タイプ別の分析型

結果が得られる．そしてここで扱う「調査・分析」とは，商品企画部門が行った調査データを活用して，開発者が開発者自身の目的に沿った分析を再度行うことを指す．これには開発者自らが独自に行う調査も含まれる．

この各内容を正確にかみ合わせるためには，「②調査・分析の目的策定」から，最後の段階になる「⑦目的達成のための分析結果イメージの描写」を先に考え，「この分析結果イメージを得るには，前段階をどのように計画すればよいのか」と問いながら，「⑥分析結果イメージにもとづく分析方法の選定」「⑤分析方法が適用できるデータ変数の選定」「④目的とデータ変数に合致した調査票の作成」「③目的に合致した調査対象者と調査方法の選定」へと，市場分析活動の設計を進めていくことになる．

また，市場分析活動は，業務課題の目的によって，市場情報の分析目的も変わってくる(図 2.1)．製品企画段階で行う市場分析活動は，計画や目標値という仮説を立てることが目的であり，市場情報から実態を把握しながら問題を発見し，その問題の要因を探り，方策案という仮説を立てる．一方，商品の発売後には，「製品企画で狙いとした計画や目標値が，市場でどのように受け止められたのか」について事実で確認する仮説検証型[1]の活動になる．仮説の検証後は，狙いと実態に差がある場合，その原因が何か探索し，対策していくことになる．

次節以降，図 2.1 についての具体的な設計の検討プロセスと内容を，具体的な 2 場面で解説していくが，本章では，主なテーマである「データ分析の創造的な思考プロセス」を学ぶため，「①解決すべき業務課題の整理・分析」「②調査・分析の目的策定」「⑦目的達成のための分析結果イメージの描写」の 3 ステップについて詳しく解説する．特に「⑦目的達成のための分析結果イメージの描写」について，商品開発のための市場に関するデータ活用の固有技術と統計学の技術の両面で理解できると，創造的な思考が活性化され，自身で新たな市場分析活動を設計できるようになる．なお，⑥分析方法の選定，⑤データ変数の選定，④調査票の作成，③調査方法の選定については，第 3 章〜第 6 章のなかで詳しく解説する．

2.1.2　業務課題の整理・分析の基本アプローチ

「①解決すべき業務課題の整理・分析」の基本的なアプローチの仕方は，「ニーズの高次レベルによって，どのような品質特性を，どのような特性値レベルにして，要求品質に展開していくか」を考えることで，問題が顕在化し，それに対応した課題抽出と方策検討を行うとよい．このようなアプローチを行うためには，「どのようなニーズが，どのように階層化され，ターゲット顧客の価値観とどのような結びつきをもっているのか」について適切に理解しなければならない．そのためには，商品企画部門から引き継ぐ企画書だけでなく，商品企画部門が行ったさまざまな調査内容や分析結果，調査方法などを端的に理解したうえで，「どのような調査のどのような分析結果が，開発者の業務課題の解決を導いてくれるのか」について品質表を用いながら，整理・考察することが必要である．

なお第2章では，多くの場面で，商品企画部門が行った調査データを活用した開発者による市場分析活動を解析しているが，本書では，商品企画部門で扱っているさまざまな調査の情報を共有化し，効率的かつ，連動性をもった市場分析活動を行うことを推奨している．

一般的に，開発者が身近に市場情報を活用できる場面はあるが，「調査は設計するより，活用する(前工程との的確な連動性を保つ)ほうが難しい」といわれるほど，調査情報を活用するためには多くの注意すべき点がある．そのため，商品企画部門が行った調査のデータを分析する前には，「いつ」「誰を対象に(どのようなサンプリングで)」「どのような調査票(どのような質問項目，回答形式など)を用いて」「どのような調査方法(集合調査，実験調査など)で実施し」「どのようにデータ入力(コーディング)しているのか」について正確に把握しておくことが，基本中の基本となる．

前述した有効な市場分析活動を行うためには，製品開発者と商品企画者が一緒に協働して，市場分析活動を設計・進行する，「企画のサイマル(Simultaneous)化」が必要であると本書では提唱したい．

2.2 製品企画の立案場面（場面1）

2.2.1 解決すべき業務課題の整理・分析ステップ

　第1章で解説した製品企画の立案場面の全体像を，市場分析活動として，全体概要を整理したものを，図2.2に示す．まず本章で扱う新商品開発は，既存商品の新商品開発である．この新商品開発について，商品企画部門からの企画提案を受けて，「品質表のどこに，どのような市場分析情報を活用すると，開発者の課題解決につながっていくか」を考えていく．そこで，大枠の整理として，商品企画部門から引き継ぐ「顧客の要求」について，製品企画課題への取組みが異なるため，「魅力的品質」と「当り前・一元的品質」に分け，それぞれの業務課題の整理・分析を行っていく．

(1) 魅力的品質に関する解決すべき業務課題の整理・分析

　魅力的品質の要求品質について，開発者が品質表を策定する場面では，商品

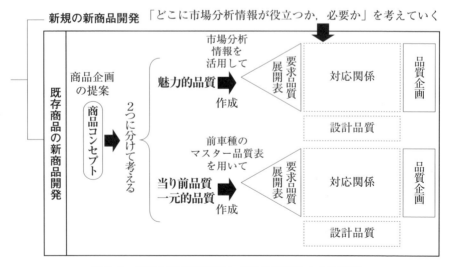

図2.2　製品企画立案場面の市場分析活動の全休概要

2.2 製品企画の立案場面(場面1)

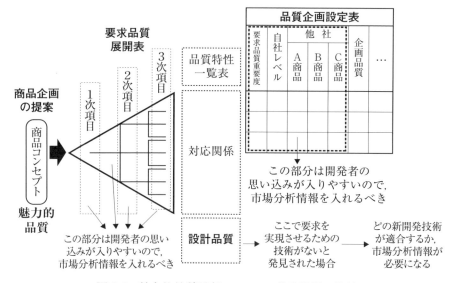

図2.3 魅力的品質要素についての業務課題の整理

企画提案に設定された商品コンセプトやその背景となるターゲット顧客の価値観・潜在ニーズを理解したうえで，要求品質展開表を作成し，高い品質レベルの技術で応えていく必要がある．そのためには，ターゲット市場顧客をベースにしたマスター品質表のみでは十分ではなく，ターゲット顧客の情報を元に要求品質展開表を作成するのが適切である．そのため，図2.3に示す部分で，ターゲット顧客を対象にした市場分析情報が役立つと考える．

(2) 当り前・一元的品質に関する解決すべき業務課題の整理・分析

一方，当り前・一元的品質の要求品質について，開発者が品質表を策定する場面では，既存商品(前車種など)のマスター品質表をベースに，要求品質展開表が作成できる．ただし，品質企画設定表(重要度，比較分析)の最適値を理解・見直したうえで，品質特性重要度について品質企画設定表の最適値に適合するよう，レベル検討が必要である．しかし，競合関係は日々変化するため，マスター品質表のみでは十分ではない．そのため，図2.4に示す部分で，市場

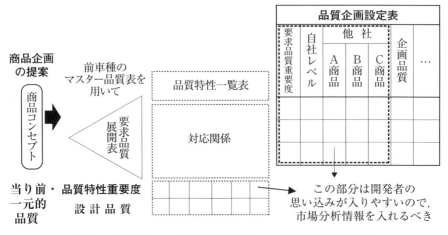

図 2.4 当り前・一元的品質要素についての業務課題の整理

分析情報が役立つと考える.

2.2.2 調査・分析の目的策定ステップ

市場分析情報が必要と判断された部分について,「どのような調査・分析の目的を策定すると,開発者の業務課題の解決につながるか」について魅力的品質と当り前・一元的品質に分けて,考察していく.

(1) 魅力的品質に関する調査・分析の目的策定

図 2.5 に示すように,ターゲット顧客を対象にした商品の魅力度調査データを用いて分析することで,適切に魅力的品質項目に関することが理解でき,要求品質展開表および品質企画設定表を策定するのに役立つ.また,「顧客の価値観構造調査」の設問を組み入れることで,ターゲット顧客を価値観でセグメント分けでき,要求品質重要度をセグメントごとに作成することに役立つ.さらに,設定された品質企画に対して,「既存技術では狙いどおりに設計品質をカバーしきれない」と判断された場合,「商品の魅力度実験調査」から,ターゲット顧客が要求する特性レベルの技術を導出できるため,先行開発を行って

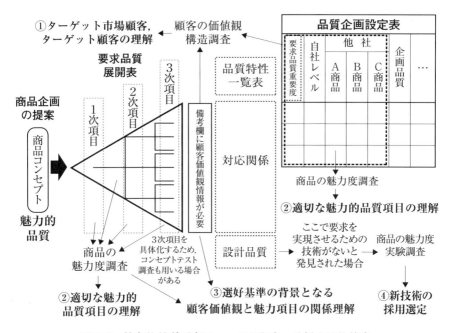

図2.5 魅力的品質要素についての調査・分析の目的策定

いる新技術の採用選定に役立つ．

　以上をまとめると，①ターゲット顧客の理解，②魅力的品質項目に関することの理解，③ターゲット顧客の価値観軸の理解，④魅力的品質の実現手段としての新技術の採用選定という開発者視点の調査・分析の目的が策定されるので，この目的に沿って，分析内容・手法などを考えるステップに進めばよい．

(2) 当り前・一元的品質に関する調査・分析の目的策定

　魅力的品質と同様のやり方で，当り前・一元的品質について調査・分析の目的を策定すると，図2.6のようになる．当り前・一元的品質で最も重要となる品質企画の設定では，競合商品と自社商品の実力レベルについて客観的な情報を元に競争力分析[2]する必要があり，現状の商品力調査データを用いて，競合関係を分析することで，各商品の競争力と競合関係が理解できるため，品質

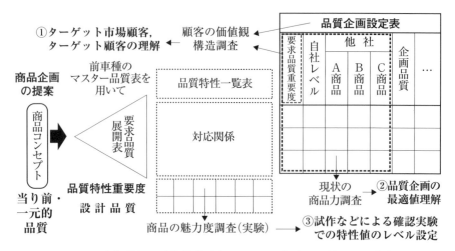

図2.6 当り前・一元的品質要素についての調査・分析の目的策定

企画の最適値の作成に役立つ．また，「誰を対象にした品質企画の設定なのか」を詳細に考えるために，「顧客の価値観構造調査」についての設問を組み入れ，ターゲット市場顧客の顧客属性を集計すると，ターゲット市場顧客の理解に役立つ．

　また，企画品質レベルに適合した品質特性重要度を設定するときに特性値レベルについて悩んでしまった場合，特性値の異なる商品を使っての「商品の魅力度実験調査」のデータを分析することで，ターゲット市場顧客が要求する特性値の技術要素を導出できるため，特性値のレベル選定に役立つ．

　以上をまとめると，①ターゲット市場顧客の理解，②品質企画の最適値の理解，③試作などによる確認実験での特性値の選定という，開発者視点の調査・分析の目的が策定されるので，この目的に沿って，分析内容・手法などを考えるステップに進めばよい．

2.2.3 目的達成のための分析結果イメージの描写ステップ

　ここからは，策定された調査・分析の目的ごとに，「どのような分析結果か

2.2 製品企画の立案場面(場面1)

ら,目的達成が得られるか」について分析内容も用いながら,分析結果イメージを描写していく.

(1) ターゲット市場顧客・ターゲット顧客の理解

ターゲット市場顧客は,商品カテゴリーのなかで,顧客属性(年齢と家族構成など)のクロス集計の分析結果(図2.7)を用いて,ビジネスとしてカバーする領域に対応しているターゲット市場顧客を規定(分類)すると,理解できるようになる.このとき,商品企画部門が2段階で市場を細分化するなかでターゲット顧客を選出していたことを,まず最初に理解することが重要である.ここで,1段階目の細分化とは,ターゲット市場顧客に分類することであり,2段階目の細分化とは,1段階目で規定した領域を,さらに生活者行動設問や消費者行動設問のデータにもとづいて,マッピング分析とグルーピング分析を行うことで,価値観グループで細分化した分析結果(図2.8)を用いて,ターゲット顧客を探索することである.

(2) ターゲット顧客が求める魅力的品質項目に関することの理解

まず商品の魅力度調査データから,ターゲット顧客で集計したデータを用いて,商品ごとに,総合魅力度と商品評価項目の要因分析を行うと,総合評価への要因となる魅力的品質項目が導出される.さらに,全ての商品による商品評価項目でのマッピング分析を行う.そのマップ上で,総合評価とマッピング軸

家族構成＼年齢層	～19才	20代	30代	40代	50代	60代～	70代以上	横%
独身	1.6	2.4	1.2	0	0	0	0	5.2
既婚子なし	0	6.2	4.3	2.1	0	0	0	12.6
ファミリー	0	3.8	41.3	23.2	2.1	0	0	70.4
生活子離れ	0	0	0	1.3	1.5	1.4	0	4.2
脱ファミリー	0	0	0	0	2	3.3	2.3	7.6
縦%	1.6	12.4	46.8	26.6	5.6	4.7	2.3	100.0

図2.7 クロス集計によるターゲット市場顧客の分類イメージ

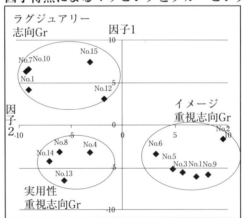

図 2.8　マッピング分析とグルーピング分析のイメージ

の要因分析による選好ベクトル[3]を用いて，共通因子での選好要因と，各商品の競合関係が導出され（**図 2.9**），ターゲット顧客が求める魅力的品質項目に関することが考察できるようになる．

2.2 製品企画の立案場面(場面1)

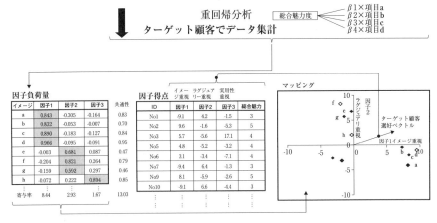

図2.9 ターゲット市場顧客の期待度とターゲット顧客の選好ベクトル分析のイメージ

(3) ターゲット顧客の価値観軸(項目)の理解

商品の魅力度調査データから，ターゲット顧客で集計されたデータを用いて(2)で導出された重要な選好要因項目の「魅力度データ」と，(1)でターゲット顧客を探索するために用いた「価値観データ」をマッピング分析することで，

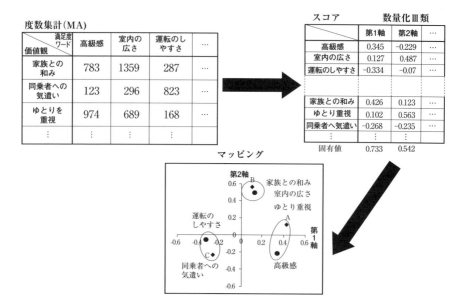

図2.10 数量化Ⅲ類によるターゲット顧客の価値観軸の導出イメージ

価値観軸が導出される(図2.10)ため,ターゲット顧客の価値観軸が考察できるようになる.

(4) 当り前・一元的品質の品質企画における最適値の理解

当り前・一元的品質についてのターゲット市場顧客の期待レベル(要求品質重要度)は,商品の魅力度調査データからターゲット市場顧客について全商品の総合魅力度と各評価項目の魅力度とを要因分析することで求められる回帰係数やt値(図2.9を参照)を用いて評点化すれば,期待レベルを設定していけるようになる.また,品質企画設定表を策定するための自社も含めた他社の当り前・一元的品質についての評価も,全商品の各評価項目の平均値やスネークプロットを用いることで考察できるようになる(図2.18(p.53)を参照).

(5) 魅力的品質の実現手段としての新技術の採用選定

開発者は，上記(2)で設定された魅力的品質項目や設定された品質企画に対して，十分な設計品質で応えなければならないが，その魅力的品質の達成に，新技術の採用が必要になる場合がある．そこで開発者は，別に先行開発している新技術を採用選定するために，新技術開発のために行われている「調査回答者(の特性)の把握」「新技術のベネフィット」「新技術ベネフィットに対する価格感度」の3つの情報が必要になる．そして，この3つの情報が新技術の採用選定基準になるため，「新技術を開発した開発者が行った評価テストに，3つの情報が収集されているかどうか」を把握したうえで，その3つの情報についての分析結果を十分に検討し，自身が行う新技術の評価テストに活かさなければならない．

そして，開発者がターゲット顧客を対象に新技術の評価について行う評価テストでは，ターゲット顧客に最高の技術ベネフィットを感じさせる組合せを導出することが必要である．そこで，開発者が独自に，実験計画にもとづいた「商品(新技術ベネフィットに関する"技術要素と特性値"の数種の組合せにおける試作品)の魅力度実験調査」を行うと，ターゲット顧客の要求に適合した「技術要素と特性値」の最適な組合せを，導出できるようになる(図2.11)．

(6) 試作などによる確認実験での特性値の選定

ターゲット市場顧客の要求レベルや競合状況の変化などを加味して設定された前記(4)の「品質企画の最適値」に対して，開発者が特性値を検討する場合，ベースとなる既存技術の性能・機能のレベルアップを図る必要が出てくる．そこで，開発者が独自に試作品(技術要素と特性値の組合せ)などを使って，技術要素の評価について実験計画にもとづいた「商品の魅力度実験調査」を行うと，ターゲット市場顧客の要求に適合した「技術要素と特性値」の最適な組合せを導出できるようになる(図2.11)．

実験計画

$L_8(2^7)$ 割付け

割付け	A	B	$A{\times}B$	C	e	e	e
列番	[1]	[2]	[3]	[4]	[5]	[6]	[7]
1	1	1	1	1	1	1	1
2	1	1	1	2	2	2	2
3	1	2	2	1	1	2	2
4	1	2	2	2	2	1	1
5	2	1	2	1	2	1	2
6	2	1	2	2	1	2	1
7	2	2	1	1	2	2	1
8	2	2	1	2	1	1	2
	a	b	a b	c	a c	b c	a b c

調査票

「肌触りの良い」シート生地の調査

問1 8種類のシート生地サンプルを手に取っていただき，
「肌触り良さ」を評価してください。
該当する番号に○をひとつつけてください。

サンプルAについて
1非常によい 2よい 3どちらともいえない 4よくない 5非常に良くない

サンプルBについて
1非常によい 2よい 3どちらともいえない 4よくない 5非常に良くない

サンプルCについて
1非常によい 2よい 3どちらともいえない 4よくない 5非常に良くない

⋮

問2 このサンプル中で最もよかったと思われるもの一つ上げてください。

具体的によかった点をお答えください。

⋮

評価テスト

データ集計

データ集計

割り付け	A	B	…	集計得点 n=30
列番	[1]	[2]		
1	1	1	…	138
2	1	1	…	111
3	1	2	…	126
4	1	2	…	105
5	2	1	…	108
6	2	1	…	81
7	2	2	…	99
8	2	2	…	69
	a	b		

分　析

分散分析表

要因	S	ϕ	V	F_0	
A	1891.1	1	1891.1	265.4	※※
B	190.1	1	190.1	26.7	※※
$A{\times}B$	1.1	1	1.1	0.2	
C	1378.1	1	1378.1	193.4	※※
e_1	10.1	1	7.1		
e_2	1.1	1			
e_3	10.1	1			
計	34819	7			

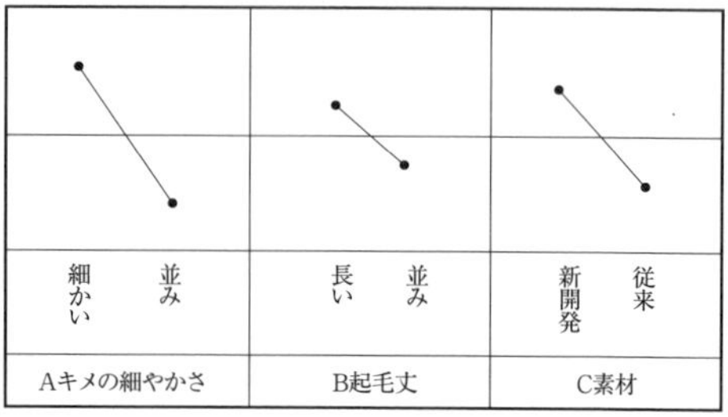

効用値分析（シート生地：肌触りの良さ）

図 2.11　新技術の評価テストからデータ分析までのイメージ

2.2.4 分析結果イメージにもとづく分析方法の選定ステップ

6つの調査・分析の目的達成のための分析結果イメージにもとづく分析方法の選定と，その分析を行うのに必要な収集データの設問変数項目およびデータの形式(尺度)を整理すると表2.1のようになる．各内容の詳細は，第3章以降で具体的に解説する．

表2.1 分析結果イメージにもとづく分析方法と収集データ

調査分析の目的	分析方法	変数内容	変数タイプ
①ターゲット市場顧客，ターゲット顧客の理解	クロス集計，因子分析，数量化Ⅲ類，クラスター分析	顧客属性，生活者行動・消費者行動設問	名義尺度 間隔尺度
②ターゲット市場顧客が求める，当り前・一元的品質の品質企画の最適値の理解	基本統計量，スネークプロット，因子分析，重回帰分析，t検定	ターゲット顧客の評価項目別魅力度，総合魅力度	名義尺度 間隔尺度
③ターゲット顧客が求める，適切な魅力的品質項目の理解	因子分析，重回帰分析，選好回帰分析，ポジショニング分析	ターゲット顧客の評価項目別魅力度，総合魅力度	名義尺度 間隔尺度
④ターゲット顧客の価値観軸(項目)の理解	基本統計量，重回帰分析，数量化Ⅲ類，クラスター分析，	さまざまな価値観設問評価項目別魅力度	名義尺度 間隔尺度
⑤魅力的品質の実現手段としての新技術の採用選定	直交表を用いた(実験計画法)分散分析，基本統計量，数量化Ⅲ類，クラスター分析	さまざまな価値観設問，試作サンプルの評価項目	名義尺度 間隔尺度 比尺度
⑥試作などによる確認実験での特性値のレベル選定	直交表を用いた(実験計画法)分散分析，基本統計量，クラスター分析	さまざまな価値観設問，試作サンプルの評価項目	間隔尺度 比尺度 名義尺度

2.3 製品発売後のフィードバック場面(場面2)

2.3.1 解決すべき業務課題の整理・分析ステップ

第1章で解説した製品発売後のフィードバック場面の全体像について市場分析活動全体の概要を整理すると図2.12のようになる．製品発売後のフィードバック場面での「①解決すべき業務課題の整理・分析」は，発売後の製品の市場評価から，製品企画で設定した当り前・一元的・魅力的品質に関するレビュー(検証)と，長く愛される商品へのライフサイクル計画に向けた製品課題の抽出(マスター品質表の修正)について考えるとよい．つまり，製品企画段階で魅力的品質の市場情報を活用して，品質表の要求品質展開表および品質企画を策定したものを仮説として考える．また，当り前・一元的品質の市場情報を活用して，品質表の品質企画を策定したものも仮説として考える．そして，これらの仮説に対して，市場の製品評価を通じた検証を行う必要があるため，製品購入者による製品評価の市場情報を収集し，分析する必要がある．検証の結果，もし顧客が満足を得られていない場合は，その要因を探り，リカバリー策を検討する必要があるので，そのための市場分析活動も計画する必要がある．

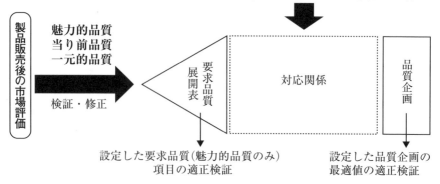

図2.12 製品販売後のフィードバック場面における市場分析活動全体の概要

2.3 製品発売後のフィードバック場面(場面2)

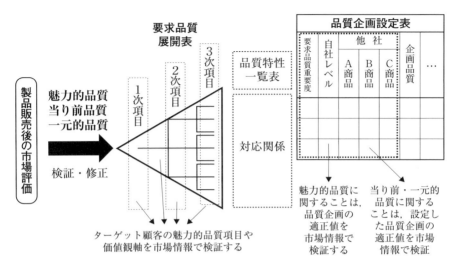

図2.13 製品販売後のフィードバック場面の業務課題の整理

　開発者は，当り前・一元的・魅力的品質について，前述で解説した仮説が適正だったのか，製品評価に関する市場情報にもとづいて検証する必要がある．例えば，図2.13に示す部分を検証するのに，実際の製品購入(ターゲット・ターゲット市場)顧客による市場情報が役立つ．

2.3.2 調査・分析の目的策定ステップ

　市場分析情報が必要と判断された部分について，「どのような調査・分析の目的を策定すると，開発者の業務課題が解決につながるのか」について考察していく．

　図2.14に示すように，実際の製品購入(ターゲット・ターゲット市場)顧客を対象にした「顧客満足度調査」のデータを用いて分析することで，当り前・一元的・魅力的品質項目，品質企画で設定した自社レベル，顧客の価値観と要求項目の関係などに関する仮説との適正を理解できるため，要求品質展開表(魅力的品質のみ)および品質企画設定表の仮説を検証するのに役立つ．そして，「顧客の価値観構造調査」の設問を組み入れることで，ターゲット顧客を価値

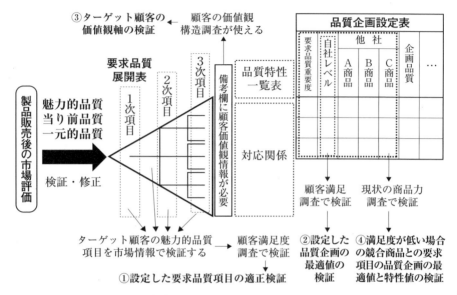

図2.14 製品販売後のフィードバック場面の調査分析の目的策定

観でセグメント分けして策定した要求品質重要度の検証に役立つ．

また，重要な要求項目でターゲット顧客の満足度が低い場合には，他社競合商品との比較が必要となるので，開発者が独自に自社商品と他社競合商品に関する「現状の商品力調査」を実施すると，新商品で設定した品質企画の最適値や特性値の検証に役立つ．

以上をまとめると，①ターゲット市場顧客とターゲット顧客の適正検証，②設定した要求項目（魅力的品質のみ）と品質企画の最適値の適正検証，③ターゲット顧客の価値観軸の検証，④満足度が低い場合には競合商品との品質企画の最適値と特性値の検証，という開発者視点の調査・分析の目的が策定されるので，この目的に沿って，分析内容・手法などを考えるステップに進めばよい．

2.3.3 目的達成のための分析結果イメージの描写ステップ

(1) ターゲット市場顧客とターゲット顧客の適正検証

「ターゲット市場顧客は，狙いどおりの構成比で得られているのか」については，顧客満足度調査データからターゲット市場顧客の「顧客属性設問（表1.1を参照）」のデータを用いたうえで，年齢層や家族構成で集計し，帯グラフで表した分析結果の割合を計画値と比較すると検証できる（図2.15）．

次に「ターゲット顧客では，狙いどおりの構成比で得られているのか」については，まず顧客満足度調査データからターゲット顧客の「価値観設問」（表1.1を参照）のデータを用いたうえで，生活者行動や消費者行動を結びつけた座標軸で表した空間上にターゲット顧客をマッピングし，ターゲット顧客を共通する価値観でグルーピングする（図2.8を参照）．次に，グループごとに構成比帯グラフで表した分析結果の割合を計画値と比較することで検証できる（図2.16）．

(2) 設定した要求項目および品質企画における最適値の適正検証

要求品質項目と品質企画の最適値の適正検証については，まず顧客満足度調査の「要求品質項目の満足度設問」および「商品に対する総合満足度設問」の

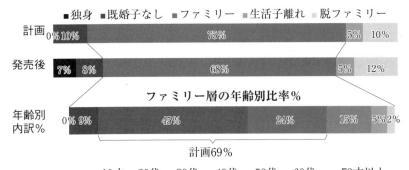

図 2.15 ターゲット市場顧客の年齢層・家族構成の帯グラフのイメージ

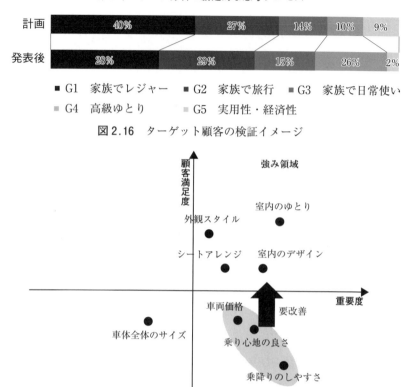

図2.16 ターゲット顧客の検証イメージ

図2.17 CSポートフォリオマップのイメージ

データを用いて,「製品購入(ターゲット・ターゲット市場)顧客の要求項目に対する重要度と平均満足度」のCSポートフォリオマップを作成する(図2.17).次に,このCSポートフォリオの重要度と平均満足度を用いて,「顧客の満足レベルが設計品質の訴求レベルと符合していたのか」について比較することで検証できる.

(3) ターゲット顧客の価値観軸(項目)の検証

顧客満足度調査データからターゲット顧客で集計されたデータを用いて(2)

2.3 製品発売後のフィードバック場面(場面2)

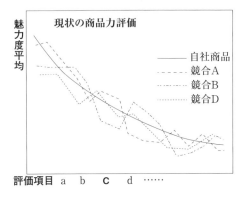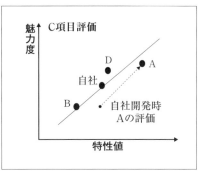

図2.18 現状の商品力調査のイメージ

で導出された重要な満足要因項目のデータと，(1)でターゲット顧客を探索するために使用した価値観データをマッピング分析することで，ターゲット顧客の価値観軸を検証できる(**図2.10を参照**)．

(4) 満足度が低い場合の競合商品との品質企画の最適値と特性値の比較検証

前述の(2)で選出された満足度の低い評価項目については，その要因を探索するために，「現状の商品力調査」を実施したうえで，新商品と他社競合商品とのレベル比較を行い，商品競争力を検証し，対応策を検討していく．ここで，「現状の商品力調査」を実施するためには，自社商品と他社商品の特性値の異なる実際の商品を会場などで展示したうえで，まず，ターゲット市場顧客の候補者にアンケートなどで各商品の商品力を評価してもらう．次に，得られた商品評価の平均値の比較情報を使い，特性値と商品評価との関係を探ることで，自社商品の評価の低い要因を検証できる(**図2.18**)．

2.3.4 分析結果イメージにもとづく分析方法の選定ステップ

4つの調査・分析の目的達成のための分析結果イメージにもとづく分析方法の選定と，その分析を行うのに必要な収集データの設問変数項目およびデータの形式(尺度)を整理すると**表2.2**のようになる．各内容の詳細は，第3章以降

表2.2 分析結果イメージにもとづく分析方法と収集データ

調査分析の目的	分析方法	変数内容	変数タイプ
①ターゲット市場顧客・ターゲット顧客の検証	クロス集計，因子分析，数量化Ⅲ類，クラスター分析	顧客属性，生活者行動・消費者行動設問	名義尺度 間隔尺度
②一元的・当り前・魅力的品質の品質企画の最適値検証	基本統計量，重回帰分析，t検定，CSポートフォリオ分析	さまざまな価値観設問，評価項目別満足度，総合満足度	名義尺度 間隔尺度
③ターゲット顧客の価値観軸(項目)の理解	基本統計量，重回帰分析，数量化Ⅲ類，クラスター分析，	さまざまな価値観設問，評価項目別魅力度	名義尺度 間隔尺度
④満足度が低い場合の競合商品との品質企画の最適値と特性値の検証	基本統計量，平均値の差の検定(t検定)，因子分析，重回帰分析，選好回帰分析，ポジショニング分析	ターゲット顧客の評価項目別商品力度，総合商品力度	名義尺度 間隔尺度

で具体的に解説する．

第2章の参考文献

[1] 後藤秀夫編(1998)：『市場調査ベーシック』，日本マーケティング教育センター．
[2] 大藤正，小野道照，赤尾洋二(1990)：『品質展開法(1)』，日科技連出版社．
[3] 神田範明，大藤正，岡本眞一，今野勤，長沢伸也，丸山一彦(2000)：『ヒットを生む商品企画七つ道具 よくわかる編』，日科技連出版社．

第3章 統計学の理解を手助けする基礎知識

3.1 統計学の分析視点

統計学は,「規則性・法則性を察知・発見するために,データを分析し,その結果をもとに判断するための,有用なプロセス・方法」である.では,統計学は,規則性・法則性を察知・発見するために,収集したデータに対して,「何(どのような分析)をして,その結果をどのように見よう」とする考え方であるのか,その狙いに触れてみる.

統計という漢字をそれぞれ個々に読むと,「統べてを計る」と読める.「全て」ではなく「統べて」を用いているところに,統計の狙いが理解できる.統計は,全てのデータを単に計るのではなく,全てのデータをまとめる(要約する)ように計る(調べたり,数えたり,計算したりなどの)考え方を,基本にしている.要約とは,最初に行う統計処理でもあり,難しい考え方ではない.要約のわかりやすい代表である「集計・グラフ化(図 3.1)」は,分野が異なっても,データを扱う誰もが行ってきた基本的な作業である.

では,全ての情報を得ていながら,なぜ情報を減らすような要約を行うのか.その考え方に触れてみる.そもそも統計学は,全てのデータを調べることを目的に誕生しているため,多くのデータが収集される.例えば,収集されたデータについて横方向を項目,縦方向を回答者番号で表すと,図 3.2 のようになる.このデータは,横方向がある自動車の評価項目,縦方向が評価した回答者になっており,10点満点(10点になるほど良い評価を表す)で評価されている.

図 3.2 の例 1 のように,全ての項目,全ての回答者で同じ 8 点という評価が

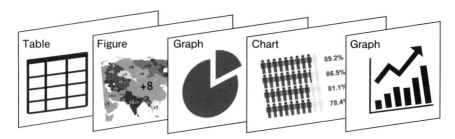

図 3.1 集計やグラフの例

データ例 1

	スタイルが良い	運転性能が良い	室内空間が良い	運転を支援する機能が良い	…
回答者 A	8 点	8 点	8 点	8 点	…
回答者 B	8 点	8 点	8 点	8 点	…
回答者 C	8 点	8 点	8 点	8 点	…
回答者 D	8 点	8 点	8 点	8 点	…
⋮	⋮	⋮	⋮	⋮	

データ例 2

	スタイルが良い	運転性能が良い	室内空間が良い	運転を支援する機能が良い	…
回答者 A	2 点	2 点	2 点	2 点	…
回答者 B	2 点	2 点	2 点	2 点	…
回答者 C	8 点	8 点	8 点	8 点	…
回答者 D	2 点	2 点	2 点	2 点	…
⋮	⋮	⋮	⋮	⋮	

データ例 3

	スタイルが良い	運転性能が良い	室内空間が良い	運転を支援する機能が良い	…
回答者 A	8 点	2 点	2 点	2 点	…
回答者 B	8 点	2 点	2 点	2 点	…
回答者 C	8 点	2 点	2 点	2 点	…
回答者 D	8 点	2 点	2 点	2 点	…
⋮	⋮	⋮	⋮	⋮	

図 3.2 データの例

得られると，回答者 A の結果が全回答者の結果を表し，さらにスタイル評価の結果が全評価項目の結果を表すことになり，とても読み取りが楽になる．同様に，例 2 では全評価項目が同じ評価点で，回答者 C のみ他の回答者より評価が高く，回答者 C はこの商品について「誰よりも高い評価をしている」と容易に読み取れる．また，例 3 でも，全回答者が同じ評価点で，スタイル評価のみ評価が高く，この商品は「他の評価項目よりもスタイルの良さについて高く評価されている」と容易に読み取れる．このように情報が単純化されることで，全体の傾向が読み取りやすくなる．

しかし，実際にわれわれが得られるデータは，このような単純なデータではなく，図 3.3 のような複雑なデータである．ここでいう複雑とは，回答者によって，また，同じ回答者でも評価項目によって，評価が異なることを指す．この評価が異なるものが数多く存在すると，データにばらつき（散らばり具合）が生まれ，ばらつきをもったデータは，読み取りや判断を難しくさせてしまう．

そこで，個々の情報を見てしまうと，このばらつきの影響のため，規則性・法則性を察知・発見するための読み取りや考察を困難にさせてしまうので，個々の情報量を減らして（見ないことで），全体の傾向を理解しやすくする「要約」という考え方が生まれたのである[1]．統計学の分析の狙いは，収集したデータに対して要約を行い（情報量を減らし），要約されたものを用いて，規則

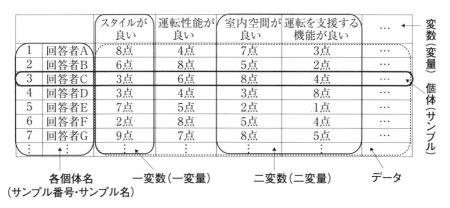

図 3.3　現実のデータ

性・法則性を察知・発見することである．

3.2 統計学とデータ収集の関係

「データ」とは何か，言葉の意味を『広辞苑』で調べると，「立論・計算の基礎となる，既知のあるいは認容された事実・数値」[2]となっており，事実を「立論・計算の基礎となるもの」として利用しようとする目的が示されている．つまり，データは利用者の目的に沿った手段によって収集されるものともいえ，かつ観測・測定されたものともいえる．

このように観測・測定された値の集まりをデータとよび，観測・測定する対象の項目を変数や変量とよぶ(図3.3)．また，観測・測定された対象の固体をサンプルとよび，各固体を番号(サンプル番号)や固体名(サンプル名)で示すものが多い．1つの変数のみが測定されたデータを一変数データ(または一変量データ・一次元データ)とよび，2つの変数の場合は，二変数データ(または二変量データ・二次元データ)とよぶ．なお，3つ以上の変数の場合は，まとめて，多変数データ(または多変量データ・多次元データ)とよぶ．

そして，多くの場合，データは調査や実験によって，観測・測定される．この調査による観測・測定に関する統計理論として「社会調査法」[3][4]が，実験による観測・測定に関する統計理論として「実験計画法」[5][6]が存在する．統計学と考えると，分析プロセスだけをイメージすることが多いかもしれないが，統計学には，データ収集に関する理論も含まれる(同様に意思決定プロセスも含まれる)ことを意識したほうがよい．具体的には，図1.1に示す3つのデータ収集・分析・意思決定のプロセスにおける「統計学の技術」を併せて，データ分析の計算的な行為プロセスにおける技術と捉えることができ，データ分析プロセス同様に，データ収集プロセスでの「統計学の技術」も適切に習得する必要がある．

第1章でも述べたように，目的に合致した適切なデータを収集できなければ，データ分析プロセスで，どれだけ豊富で，高いレベルの技術をもっていても，全く機能しなくなる．極言すれば，データ分析作業は「目的に合致した質の高

3.3 統計理論における調査法

3.3.1 観測・測定する調査対象

　観測・測定したい全ての調査対象の集まりのことを母集団とよぶ．この母集団は，調査者の調査目的に沿って，調査者が具体的かつ明確に定めなければならない．市場分析の場合は，想定されるターゲット顧客全員が母集団に設定されることが多く，母集団を具体的かつ明確に定めるため，商品企画で，ターゲット顧客像を詳細かつ具体的に洞察分析しているのである[7]．

　この母集団を調査する方法が全数調査である．ただし，全数調査は，時間，費用，労力が莫大に必要なため，効率的な実施は難しいことが多い．そこで，一般的には標本調査が行われることが多い．

　標本調査は，母集団を適切に代表するいくつかの調査対象の集団(標本)を取り上げ(母集団からいくつかの調査対象を選定することを標本抽出とよぶ)，その標本を調査し，その調査から得られた結果(統計量)を用いて，調査をしていない母集団の特性を推論する方法である(図 3.4)．

3.3.2 統計学の 2 つの大黒柱

　われわれは，収集したデータを分析(要約)することで，調べたい対象の様子について，統計(数えたり，計算したり，モデル化したりなど)的に記述する(事実そのままを記す)ことができる．そして，全数調査の場合は，観測・測定したい全ての調査対象の集まり(母集団)のデータで分析しているので，統計的に記述した内容は，全ての調査対象の集まりの結果を反映している．しかし，標本調査の場合は，観測・測定したい全ての調査対象の一部のデータしか収集していないため，統計的に記述した内容は，全ての調査対象における集まりの結果を十分に反映しているとはいえない．

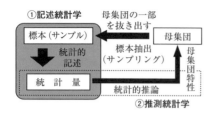 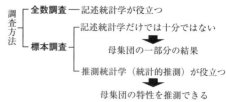

図3.4　標本調査のイメージ　　　図3.5　全数調査と標本調査の統計処理

　そこで標本調査の場合は，分析結果を観測・測定したい全ての調査対象の集まりの結果として用いたいのなら，単純に統計的な記述のみを分析するだけでは不十分で，標本調査で行った統計的な記述の分析結果(統計量)を用いて，母集団の特性を推論する分析(統計的推論)まで行う必要がある(図3.4，図3.5)．そして，一部のデータから全てのデータの特性を適切に推論するためには，母集団を適切に反映するように一部のデータ(標本)を抽出する方法(標本抽出法)を理解する必要がある．それがデータ収集における統計学の技術であり，具体的には，標本調査の技術である．

　統計学では，この統計的記述を学問的にまとめたものを記述統計学，統計的推論を学問的にまとめたものを推測統計学とよんでいる．第1章で述べた統計学の分析する中心的内容である「①現象の法則性を知るために，全てを丹念に調べ，規則性から法則性を見い出すことや，②一部を観察して，そこから論理性のある推測で全体の法則性を発見すること」[8][9][10]は，①が記述統計学を，②が推測統計学を意味している．

　そして，統計学は「母集団」と「標本」の関係を常に考えるため，母集団の世界と標本の世界の話が常に往来する．「母集団と標本の枠組みを，記述統計学と推測統計学の関係にも，どのように対応させることができるか」で，統計学の理解のしやすさは変わってくる(第4章を参照)．統計学において，記述統計学と推測統計学は大黒柱であり，これらの習得は必須である．

3.3.3 標本（調査対象者）の選び方（標本抽出法）

「一部のデータである標本から，全てのデータである母集団の特性を，なぜ推論できるのか」は，母集団と標本に理論的な仕掛けが存在するからである．そして，その仕掛けとなる理論が「母集団からどのように標本を選び出すか」という標本抽出である．統計的推論では，データを収集する段階に，母集団と標本の間に繋がり（確率論という名の橋）を作ることで，分析の段階でもその繋がりを利用して，標本から母集団を推論できるようにしているのである．よって，統計的推論は「どのように標本を抽出するか」の考え方・やり方と「得られた標本にどのような統計処理（分析）を行い，どのように母集団の特性を推論するか（第4章を参照）」についての考え方・やり方の全てをセットにしたものと考えなければならない．

標本抽出法の種類を表3.1に示す．統計的に抽出するという観点に立つと，統計学での標本抽出は無作為抽出のことである．そして，無作為抽出された標本のことを無作為標本とよび，統計学では通常，この無作為標本のことを標本とよんでいる．

無作為抽出法とは，母集団の各個体が，どれも同じように等確率で標本に選ばれるように抽出する方法である．この等確率で選ばれるというところに，母集団を適切に反映した標本が選ばれていることが理解できる．

具体的な詳細は専門書に譲るが，無作為抽出法のイメージは，図3.6のとおりである．今浴槽のお湯の温度を測りたいときに，温度差のある層が4段階程度できていたとする．お湯の温度を適切に測るためには，誰もがお湯をかき混ぜてから測るはずである．ただ，統計的推論では，浴槽のお湯を母集団と考えると，「浴槽のお湯（母集団）は存在し，温度計はある（事前に母集団分布が○○分布（正規分布，二項分布など）とわかっている）が，浴槽全体のお湯の温度（推論したいパラメーター（母数））はわからず，浴槽のお湯は直接かき混ぜられない」という設定になっている（お湯を太平洋と置き換えると母集団のイメージがしやすい）．そこで4つの層から等確率になるようにいくつかお湯（標本）を

表3.1 標本抽出法の種類

方　法			概　要
無作為（確率）抽出法（ランダムサンプリング）	単純な無作為抽出法		母集団から等確率になるように（サイコロや乱数表などを活用して），無作為に標本抽出を繰り返す方法．一度選んだ標本も母集団に戻し，復元抽出する．
	段階的に行う無作為抽出	系統抽出法	母集団から標本となる最初の1人目を，等確率になるように無作為に抽出し，2人目以降は，一定の等しい間隔で標本抽出を繰り返す方法．
		多段階抽出法	いきなり標本を抽出せずに，抽出したい標本の地理的範囲を何段階（県・市・町など）かに分け，段階ごとに地理的範囲を絞って，最終の段階で標本を抽出する方法．全国レベルの調査では，3段階が一般的で，第1段階と最終段階で単純無作為抽出を行う．
		層別抽出法	多段階に分け，単純無作為抽出を行うことで，重要な地点の標本が抜けてしまう可能性がある．そこで，あらかじめ母集団を層に分け，必ず各層からいくつかの地点が選ばれるように，抽出数を割り当てて行う方法．
有意（非確率）抽出法	意図的抽出		代表的・典型的と考えられる標本を意図的に抽出する方法．
	割当て抽出		母集団の特性（調査質問項目への回答）に関連が強く表われると考えられる回答者属性（年齢，居住地域，ライフスタイルなど）で，母集団をいくつかのカテゴリーに分け，各カテゴリーの比率に合うように，標本数を割り当てて抽出を行う方法．

取り出（抽出）し，それぞれ取り出したお湯（各標本）の温度を測って，その平均値（標本の統計量）を浴槽のお湯の温度（母集団の母数）と推論するのが，統計的推論のイメージである．無作為抽出法は，直接浴槽のお湯をかき混ぜたのと同じ状態を理論的に作り上げていると捉えればよい．

このような一手間をかけることの利点は，母集団全てを調査しないことによる時間・コスト・労力の削減とともに，「推論結果がどの程度の精度で推論さ

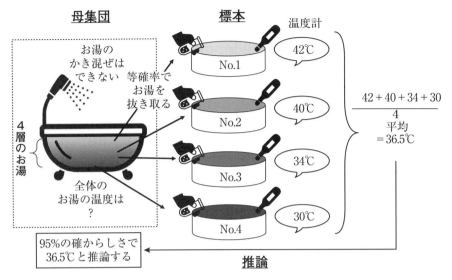

図 3.6 無作為抽出法のイメージ

れているか」を客観的に評価できることである．よって，統計的推論は推論結果（点推定）のみが示されるだけでなく，推論結果の確からしさの程度（信頼区間）も加えて示される．そのため，無作為抽出を行っていないデータに対する統計的推論は，計算によって物理的に分析結果を出すことはできるが，推論結果の精度を客観的には評価できない．また，母集団を構成する全リスト（標本抽出枠：上記の例では浴槽の全てのお湯）が用意できない場合，無作為抽出法は適用できない．

ただし，企業が行う商品開発での調査では，重要な開発情報の秘密厳守や，回答者の個人情報保護の観点から，容易に無作為抽出法を用いることは困難なことが多い．そこでさまざまな工夫を行って，有意抽出法（表 3.1）が用いられる場合も多い（詳しくは 3.3.7 項を参照）．ここでは，完全に意味もなく恣意的に標本を選んだ抽出とは区別して有意抽出法とよんでいるが，無作為抽出でないため，統計的推論を行っても，精度の評価を客観的には行えないことに，注意が必要である．

3.3.4 調査によって発生する誤差

調査を行うことによって，本来の真の値と，調査で得られる値には差（ズレ）が生まれてしまう．この差のことを誤差とよぶ．調査で発生する誤差には，標本抽出によって生ずる「標本誤差」と，調査過程で生ずる「非標本誤差」の2種類がある．

非標本誤差は，以下に示すような誤差であるため，全数調査および標本調査の全てで生ずる誤差である．

① 単純ミスによる誤差

　調査員→説明・行動・態度・転記・入力・計算・紛失ミスなど

　回答者→読解・解釈・誤回答・表記・送付ミスなど

② 無回答による誤差：意識的・無意識的に生じた無回答の傾向による回答の偏り

　テーマ・質問への回答の抵抗感，テーマへの無関心さ，枝分かれ質問構造の多様，膨大な質問量，質問文・回答選択肢の不備や不適切さ…など

③ 回答の偏りによる誤差：回答者の意識的・無意識的に行う回答の偏り

　質問文・回答選択肢のあいまいさ，テーマに対する知識・理解不足，誘導質問，先入観…など

調査回答者が，意識的・無意識的に，回答を拒否したり，誤った，または偏った回答を行うことで，そのデータを分析した結果には，その誤差の影響による一定の傾向（本来の結果を歪めてしまうもの）が生まれる場合がある．このような場合，分析結果の傾向は，導き出したい本質的な傾向であるのか，誤差による傾向であるのか，判断がつかず（または気づかず），誤った分析の解釈を行ってしまう．さらに非標本誤差では得られたデータ（観測値）だけから，誤差の程度を判断することが難しいため，事前の調査設計の段階から，さまざまな非標本誤差を減らす工夫や準備が必要である．このことからも，調査設計，調査票の作成，データ入力などのデータ収集プロセスでの技術が肝要となる．

次に標本誤差は，母集団から標本を抽出するときに，どうしても母集団の情

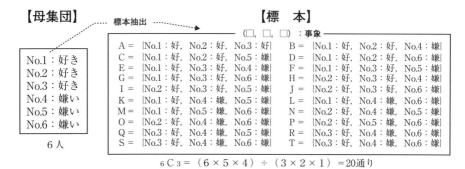

図 3.7 標本抽出される全ての組合せ

報を完全に反映できない誤差のことであり，標本調査のみに生ずる誤差である．

今，無作為抽出法と標本誤差の関係を理解しやすいように，図 3.7 のような小さい母集団を模型として考えてみる．母集団の半分である 3 人に，ある商品の選好 (好き・嫌い) 評価を尋ね，調査対象 (標本) 3 人の結果から，母集団全員の 6 人の特性を推論することを行う．

6 人のなかから 3 人を抽出する組合せは，全てで 20 通りある (ただし，抽出された人は，元に戻さず，重複して抽出しないという方法で行っている．これを非復元抽出とよぶ)．抜き出す組合せのことは，事象 (標本の集まりとなる部分集合) とよばれ，事象の起こりやすさを実数で表現したものが確率である (例えば，事象 A の起こりやすさが 40% の場合，P(A)=0.4 と表記される)．ここで仮に，母集団の 6 人の選好評価が，ちょうど好きと嫌いが半数に分かれたと仮定する (好きが 50%)．無作為抽出 (等確率で選定) を行っているので，事象 A〜T のうち，どの事象も標本調査の調査対象として抽出される確率は同じであり，調査対象の 3 人全員が好きと評価した事象 A が選ばれる可能性も同確率である．

そこで事象 A が調査対象に抽出されると，「この商品を好きな人は 100% いる」という標本の調査結果をもとに，母集団の推論を行ってしまうため，母集団の「この商品を好きな人は 50% いる」という結果とは，異なる推論になる

誤差が生ずる(ただし,調査対象の3人全員が好きと評価した組合せは,1つしかなく,全ての事象から見ると,1/20 = 0.05で,わずか5%の確率でしか起きない).このような誤差が標本誤差であり,標本調査を行う場合は,わずかであってもこのような誤差は避けられない.

ただし,標本誤差は,無作為抽出法を用いることによって,客観的に誤差の程度を判断することができ,また活用することもできる.本来は,母集団の真の値(上記の例ではこの商品を好きな人は50%いる)は未知であるため,標本誤差の個々の値も未知になるが,「標本理論」という考え方を活用すると,標本誤差の範囲を「標準誤差」などの「標本から得られた結果(推定値)が,母集団の真の値からどの程度の範囲でズレる可能性があるか」を測る物差しで表現し推論結果を確率的に記述して,母集団を推論した結果の精度を評価できる.

例えば,事象Bを取り上げると,標本の調査結果は,「好き」と回答した人との比率は,2/3=0.66……で,「この商品を好きな人は66.7%いる」となる.詳細は専門書に譲るが,この結果に対する標本誤差は,以下の式で計算でき,約0.211と求まる.

$$1.96 + \sqrt{\frac{(母集団の数 - 標本の数)}{(母集団の数 - 1)} \times \frac{標本の回答比率 \times (1 - 標本の回答比率)}{標本の数}}$$

$$= 1.96 \times \sqrt{\frac{(6-3)}{(6-1)} \times \frac{2/3 \times (1 - 2/3)}{3}} \fallingdotseq 0.211$$

注)1.96は信頼率95%の定数.一般的に信頼率95%を用いることが多い.

そして母集団への推論としては,「この商品を好きな人は66.7% ± 21.1%いる(66.7%を中心として,± 21.1%の区間に好きな人の比率が入る確率は95%確からしいという信頼率で)」,つまり,「この商品を好きな人は45.6%~87.8%の範囲でいる(この範囲に好きな人の比率が入る確率は95%確からしいという信頼率で)」と,確率的な精度をつけて推論できることになる.このように,標本誤差はなくすことはできないが,適切に活用することで,分析結果の利用者にとっては分析結果の信頼性に関する保証の1つの指針となる.

なお，標本誤差は，標本数の平方根に反比例する関係があり，標本数を増加させることで，標本誤差を減少させることができる．ただし，100人の調査で生ずる標本誤差を1/10にしたい場合は，標本を100倍にした10000人が必要になり，標本誤差の抑制は，調査にかかる費用や時間とのトレードオフになる．

3.3.5 データの測定

「観測されるデータをどのような尺度で測定するか」によって，データや変数のタイプ(型)は分類される．代表的な4つの尺度[11]を表3.2に示す．これらの尺度にはそれぞれ性質があり，各尺度の性質に合わせて，分析のやり方を対応させなければならない．

名義尺度は，分類や識別目的のために，単に符号として測定する尺度である．例えば，図3.8に示したアンケート調査票の回答者の性別(男性・女性)や商品の購入地域(関東・中部・関西……など)などの測定は，アンケートの選択肢番号を用いて，男性を1，女性を2や，関東を1，中部を2，関西を3などと数値の符号として表現できる．このとき，「1＋2＝3や1×3＝3」などの計算(四則演算)ができるが，この計算に意味をもたないものが，名義尺度になる．数値とした符号を選択肢の言葉に戻すと，「関東＋中部＝関西や，関東×関西＝関西」となり，この計算の関係は全く意味を成さないことがわかる．名義尺度となるデータは，個数を数える集計(という分析)を行うことに意味をもつ．

順序尺度は，名義尺度の性質をもちながら，その符号間に順序や大小関係も

表3.2 データの測定尺度と変数のタイプ

尺　度	性質・特徴	計算 (四則演算)の可否	データの型	変数の型
名義(分類)尺度	等価性がある	不可(集計を行う)	計数値 離散量	質的変数
順序(序数)尺度	大小関係がある	不可(集計を行う)		
間隔(距離)尺度	距離の等価性がある	可　能	計量値 連続量	量的変数
比率(比例)尺度	比率の等価性がある	可　能		

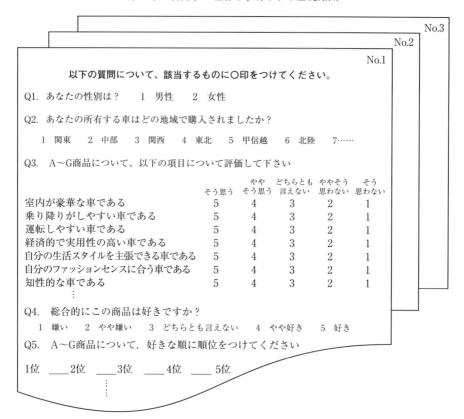

図 3.8 アンケート調査票の例

もつ尺度である．例えば，商品の選好評価で，段階評価や順位を回答してもらうデータは，「嫌い」を 1,「やや嫌い」を 2,「どちらとも言えない」を 3,「やや好き」を 4,「好き」を 5 と，また「1 位」を 1,「2 位」を 2,「3 位」を 3 などと数値の符号として表現できる(**図 3.8**)．3 位より 2 位が，2 位より 1 位のほうが好きな順位が上であるが，「1 位 + 2 位 = 3 位や 1 位 × 3 位 = 3 位」などの計算の関係は意味を成していない．よって，順序尺度となるデータも，個数を数える集計を行うことに意味をもつ．ただし，顧客の評価をもとに行う市場分析に用いるデータは，精密な計測機器を用いて，人の選好，感情，意識

などを直接的に測定することは不可能に近く，順序尺度や名義尺度になることがほとんどである．そのため，後述する「みなす」という考えのもと(詳しくは 3.3.7 項を参照)，順序尺度のデータを間隔尺度や比率尺度とみなして用いることが多い．

間隔尺度は，順序尺度の性質をもちながら，符号の差の等間隔性にも意味をもつ尺度である．例えば，商品の選好評価を 100 点満点で回答してもらうデータは，「80 点は 40 点に比べて 40 点高い」という順序関係と差があるが，「回答者 A が回答した 80 点は，回答者 B が回答した 40 点の 2 倍好き」という意味にはならない．つまり，差については等間隔性(等価性)の性質をもつものである．そして，100 人の選好評価の平均は 80 点と表現できるように，間隔尺度は，通常の計算(統計処理)ができる．

比率尺度は，間隔尺度の性質をもちながら，符号の比率の等価性にも意味をもつ尺度である．よって，比率尺度は通常の計算(統計処理)ができる．

このように，名義尺度から比率尺度までの 4 つはそれぞれの性質をもつことで，統計処理が異なり，比率尺度になるに従って，それまでの尺度で適用できる統計処理も適用できることになる．また，データの型として，名義尺度と順序尺度は「計数値・離散量」，間隔尺度と比率尺度は「計量値・連続量」とよばれ，変数の型としては，名義尺度と順序尺度は「質的変数」，間隔尺度と比率尺度は「量的変数」とよばれることが多い(表 3.2 を参照)．

以上のように，データを測定するという行為には，単位や概念を決めてしまうことも含まれる．特に，顧客が評価するデータは，機器による直接的な計測が困難なため，調査者が考えた尺度で，データの単位や概念が大きく変化する．

例えば，顧客の商品に対する総合的な評価に対して，「好き・嫌い」「また使用してみたい・使用したくない」「友人に勧める・勧めない」などで評価させるということは，顧客の商品に対する総合的評価について「好き・嫌い」などの評価を代理として用いることができるという概念を想定していることになる．しかし，「どの概念(好き，また使用してみたい，友人に勧めるなど)を総合的評価に用いるか」で，それぞれ意味が異なるため，評価が収集される段階で，

データの意味が大きく異なっていく．さらに「好き・嫌いの二択(順序尺度)で評価させるのか」「好き・嫌いの程度を段階評価(5段階・7段階など)，点数評価(100点満点・10点満点など)でさせるのか」でも，データの型(単位や桁数も)を決めてしまうことになり，顧客の商品に対する総合的評価の概念的な意味を決めるとともに，データを分析する方法(統計処理)も限定することになる．データを測定する尺度については，統計学では基礎的な知識であるが，上記のことを十分理解し，適用することが，市場分析への第一歩である．

3.3.6 比較を行うための調査について

傾向の違いや共通点を探るために，さまざまな比較が行える調査を考えると，同じ母集団について複数回調査を行うものと，異なる母集団に行うものがある．同一の母集団に対して一度だけ調査を行うものを横断的調査とよぶが，これを基本にして，調査の種類を以下に示す．

同一母集団 ─┬─ ①横断的調査(同一の母集団に1回調査)
　　　　　　└─ ②パネル調査(同一の母集団に複数回調査)
複数母集団 ─┬─ ③比較調査(複数の母集団に1回調査)
　　　　　　└─ ④繰り返し調査(複数の母集団に複数回調査)

パネル調査は，標本抽出した同一の標本に対して調査を複数回行うため，母集団の時間的変動以外の要因は同じだと考えることができる(厳密には，調査時点が異なれば，同じ母集団でも，さまざまな要件は変化している)．そのため，時間的経過による商品評価の変化や，現モデル車と新モデル車の異なる時点での評価の関係を分析することができる．この調査で収集されたデータは，時系列データとよばれることが多い．

比較調査では，異なる母集団からそれぞれ標本抽出してきた異なる標本に対して調査を行うため，標本が異なることによる影響や差の程度を分析することができる．繰り返し調査は，さらに時間的変化の要因も加えて，分析することを考えている調査である．ただし，繰り返し調査の標本は，パネル調査のように標本を同一に固定することが困難であるため，調査の度に標本は異なる．

このように，統計的推論を用いて比較する場合は，「どのような調査の標本同士を比較しているのか」も，きちんと考察することが必要である．

3.3.7　顧客の評価が中心になる市場データの特性

市場のデータは，市場のさまざまな環境に影響を受けた顧客の評価が中心になる．そのため，農業試験，医薬品検査，工業における抜き取り検査などでうまく適用できている統計理論でも，市場の分析に用いる場合，さまざまな不具合や課題が生ずる部分がある．

まず，測定尺度(表3.2を参照)について考えてみる．長沢[12]は，文献［13］を用いて，測定尺度について，「みなす」ということの価値と取扱いに関して，次のように述べている．

順序尺度のデータを，間隔尺度や比率尺度と「みなす」ということは，適用できる分析の幅が広がるということであり，同じデータから引き出すことのできる情報量が多くなる価値が生まれる．このことから，「みなす」ことで生み出される価値に重点を置くのか，「みなす」ことで生じるかもしれない誤りを防ぐことに重点を置くのかを調査者が丁寧に判断して使用することが望ましい．

そのうえで長沢は，「実際の官能評価では，格付け分類データ(順序尺度)を近似的に間隔尺度とみなして，採点法(間隔尺度)の結果と同様に扱う場合が多い」と説明し，だからこそ，アンケート調査で用いることが多いSD(Semantic Differential)法[14](段階評価であるため順序尺度になる)は，現在，人が評価するイメージの測定および態度の測定などにまで，広く使用されていると述べている．

ただし，「みなす」ことによる価値を最大限に引き出すためには，次のような工夫や考慮も必要である[15]．

- 回答者が等間隔性を適切に直感でイメージできる段階評価の見せ方
- 間隔尺度とみなしてよい程度の段階数
- 程度のイメージに個人差があまり出ない形容語(非常に，割合など)の選定

- 間隔尺度で容易に評価ができる商品評価項目の選定

次に，標本調査における標本抽出について考えてみる．前述したように，企業が行う商品開発での調査では，無作為抽出法を用いることは困難なことが多く，標本抽出の段階で調査を断念してしまうケースもある．ここでは母集団の捉え方と，「何を解決したいのか」という業務課題の2点に絞って考えてみる．

統計学では，全数調査の解説の例として，必ず国勢調査が挙げられる．そのため，「母集団＝日本に在住する人全員」という関係から，全数調査は，かなり大多数を集める調査だとイメージしてしまう．しかし，全数調査は単純に考えると，調査したい対象者全員に調査する方法であり，かなり大きな数を集める調査以外でも，全数調査は十分ある．ある特殊な商品を使用している顧客や芽が出始めてきた新しいマーケットの顧客などへの全数調査は，時間がかかる場合もあるが，十分に想定できる．つまり，ここでの全数(母集団)は，実際に調査可能な集団に行っていることである．このような全数調査においても，効率性・計画性を求めて，標本調査を行おうと考えるのは自然である．このように考えれば，市場データの調査においても，無作為抽出は，最初から絶対に不可能だと決めつける必要はなくなる．

問題は，さまざまな理由で無作為抽出ができない，または機能しない場合である．例えば，時間と場所を特定して(2018年の4/1～6/30までで，関東圏に在中している，○○××□□の人など)，母集団を規定した場合，実際に調査可能な集団の厳密なリスト(帳簿)が入手できないことや，逆に，多くのモニターを抱える調査会社によってリストを入手できた場合でも，大多数ではない有限母集団を調査する「顧客による評価の調査」では，無作為抽出によって選ばれる例外的な対象者(自社に批判的な人，競合他社に勤務している人，調査に非協力的な人など)による標本誤差の増加を抑えるために，例外者を除いていくと，無作為抽出の機能を果たさなくなってしまう．

このような(無作為抽出ができない)場合でも，調査は行うべきと考える．調査を行う目的は，自身の業務課題を解決するためであり，統計的推論を使用するためだけではない．さらにいえば，統計的推論のみで業務課題が一発で解決

できるような単純な課題は少ない．無作為抽出を行うことができず，統計的推論が使用できなくても，統計的記述の分析はできる．また，インタビュー調査，観察調査，事例研究なども加えて，統計的推論以外の分析結果を補完・複合することで，業務課題を解決させる方向に，前進させることは十分できる．本来の目的から離れて，盲目的に統計理論に固執することは，逆に損失や誤用をもたらすことに繋がる．このようなことを避けるためにも，データ分析の創造的な思考プロセスの技術(第2章を参照)が役に立つ．

実際に調査可能な集団のリストが入手できない場合は，適切な調査対象者を自身で選定しなければならない．例えば，調査対象リスト(サンプリング台帳)がない場合は，住宅地図から抽出する「エリアサンプリング(ランダムウォーク)」，街頭・来場者から抽出する「タイムサンプリング」，電話番号から作成する「ランダム・デジット・ダイヤリングサンプリング(RDD)」などのサンプリング方法がある[16]．また，朝野[17][18]は，文献[19]を用いて，ダーティ・サンプリング(無作為抽出の理論に従わない標本抽出という意味で)と名づけ，希少セグメントの選定に役立つ方法をいくつか解説している．さらに，有意抽出法(表3.1を参照)も，丁寧かつ計画的に用いることで，統計的推論は使用できないが，十分に役立つことを示したものも多い[20]〜[23]．

このように無作為抽出法を用いることができない調査でも，効果のある差が発見できれば，その結果について，標本数をより多くしながら，その効果の差を検証していくとよい．そうすれば，いきなり大規模で厳格な調査を行いながら，要因や効果を1つも発見できない調査に比べて，無作為でない標本の調査からでも，要因や効果の的を絞り，効率良く母集団との関連性までを分析していくやり方に，ある程度の意義が出てくる．

3.3.8 データ分析の計算的な行為プロセス全体を通じた意思決定

以上，調査における統計理論を見てきてわかるように，われわれは多くの誤差を含んだデータを利用することになる．さらに，データの測定では，調査者

の考えた概念(意味・単位・桁数など)に当てはめたデータを収集している．また，本章では，具体的に調査方法(郵送調査，集合調査，ネット調査など)の選定や調査票の作成を解説していないが，この部分についても，調査者の考えた概念を当てはめてしまうことになり，調査による誤差の発生要因になる．

われわれはいろいろな分析結果を導出し，意思決定を行っているが，このようなさまざまな誤差を含んだデータでの分析結果であることをしっかり認識しなければならない．ただし，誤差を含むデータであるから，全てが信用できず，活用できないというわけではない．顧客は市場から多くの影響を受けて，商品の評価を行ったり，考えを発言したりする．そのとき，人間は精密機器のような機械でないため，顧客の考えや評価のなかにも，いろいろな影響を受けた多くの要因から，いくらかの誤差は生まれてしまう．このような誤差を含めたデータで現象を適切に分析するほうが，市場を分析する課題に対しては，理屈に合っていると考える．

だからこそ，このような誤差を含んだデータの分析結果に対して，適切な意思決定が行えるように考えられる誤差は極力なくすように努力は行うが，「どのような誤差が含まれる可能性があるか」を明確に示す必要がある．つまり，「どのような手続き・方法で収集したデータであるのか」についてデータ収集プロセスにおける正確な情報を注意深く調査・分析報告書に明記する，または解説することが肝要である．「調査の設計は誤差処理の設計である」[24]といわれるように，調査結果に含まれないようにする誤差と，どうしても含まれてしまう誤差を，調査の設計段階からしっかりと考察しておくとよい．

また，別の観点から，統計的推論では，「この商品を好きな人は45.6%～87.8%の範囲でいる(この範囲に好きな人の比率が入る確率は95%確からしいという信頼率で)」というような表現がされる．「95%確からしい」ということで，「この結果は絶対である」または「この95%に達しない場合は，この結果は間違いである」と判断してしまう方が多いと感じる．この95%という確率の基準は，統計学の世界での社会的な取決めの1つであり，目安として使用しているものである．つまり，分析者によっては，80%を使用したり，

98%を使用してもよいのである．重要なことは，「分析者が"80%確からしい"という判断の下，その分析結果をどのように取り扱うか」なのである．

　統計理論の使用基準・方法の実際は，多くの場合，利用者に委ねられているのである．そのため，意図的な誤用を避けながら，杓子定規に統計理論の基準に固守することなく，調査目的が適切に，そして効果的に達成されるよう，さまざまな角度からの総合的な意思決定が求められる．

　データ分析から出力されるアウトプットについて，適切に意思決定していく技術も当然必要であるが，「そもそもこの調査に適したデータであるのか」「このデータでそのような分析を行って統計的に意味があるのか」「目安とは異なる統計的基準による意思決定の判断は，どのような意味を抱含しているのか」など，データ分析の計算的な行為プロセス全体を通じた，意思決定の技術も必要である．

　さらに，自身が行った分析の意思決定が妥当であることを，第三者にも理解してもらうためには，データ収集プロセスにおける正確な情報の提示も大切である．そのことで，直接調査にかかわっていない方々も，判断が行われた意思決定の妥当性チェックに加わることができ（デザインレビューや節目管理など），組織的に意思決定の質を高めることができるようになる．

3.4　統計理論における実験計画法

3.4.1　実験を用いた調査

　市場分析に関する調査では，主として，顧客側の潜在的・顕在的な思いや考えを得るために，ある実態（商品）への意識，態度，行動などについて，顧客（調査対象者）に尋ねることが多い．このような情報を得ることで，調査仮説が検証されたり，より明確な仮説に進展していく．そして，調査仮説がより明確になると，具体的で詳細な仮説が考えられるようになり，今度は調査側から，具体的な条件による，ある変化に対する顧客の反応を調査したくなる．

　例えば，ある自動車の意識調査で，顧客の選好に影響する要因が，「ボ

ディーの光沢の艶やかさ」や「荷室空間の広さ」などと検証された場合，次に具体的な物理特性に落とすために，「ボディーの光沢度はどの程度が良いのか」「荷室空間はどの程度の広さだと良いのか」，選好に影響する要因の適切な水準(要求レベル)を導出するような調査のことである．このような場合，ある独立変数(ボディーの光沢の艶やかさ，荷室空間の広さなど)について，「条件(要求レベル)をいくつか変えると，ある従属変数(好き，買いたいなど)がどの程度変化するか」を見るために，実験を用いた調査が行われる．

3.4.2 実験法の種類

実験法は，図3.9に示すように，大別して，実験計画法を用いるものと用いないものの2つに分けられる[25]．実験計画法[26]とは，効率的に効果を把握するための実験方法を計画(実験計画)し，「母集団で，真に効果があるのかどうか」を分析(分散分析)し，「どのような効果が得られるか」を導出する(母平均

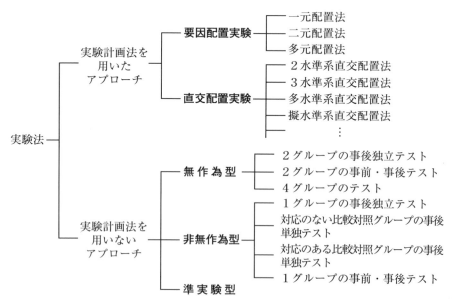

図3.9 実験法の種類

の推定)ことを目的にした数理統計学の手法である(詳しくは3.6節を参照).

実験計画法を用いないアプローチは，試験的に行うある実態への是非や選好の評価を，事前と事後で比較するもので，テストという意味合いが強い．例えば，「"ある自動車の新デザインは，旧来のデザインに比べて，必ず選好の評価が高くなる"という効果を実験で確かめたい」という場合，新デザインの選好評価と，旧来デザインの選好評価を調査して，「2つの平均値の差の検定(4.4.5項を参照)」の分析を行い，その効果を検証すればよい.

このように，実験したい条件が一要因で，1種類の効果の有無だけを調べたいのなら，実験計画法を用いなくとも導出できる．そのため，データ収集に必要な技術は，3.3節と同様である.

実験計画法を用いるアプローチは，複数の要因(実験条件)を組み合わせたある実態について，それぞれ評価を行い，実験条件の変更による評価の違いを比較するもので，科学実験と同様に，しっかりした実験の計画が必要である．例えば，前述の例で考えると，「どのような新デザインが，どの程度選好に効果があり，旧来のデザインより，どのような点で高い選好が得られるか」を調査するものである．そのため，デザインの要因となる，形を「シャープと曲線」の2種類に，色を「黒色と赤色」の2種類に，塗装を「光沢とつや消し」の2種類になど，さまざまな条件を考え，適切に条件を組み合わせ，取り上げた条件以外の環境をできるだけ同一にして実験を行う「実験方法の理論」が必要になる.

3.4.3 実験計画法の3原則

実験を用いた調査では，調査によって発生する誤差(3.3.4項を参照)以外に，実験によって発生する誤差も考え，適切にコントロールしなければならない．実験計画法では，実験によって発生する誤差に対応するため，「諸条件を無作為(等確率)化する(局所管理)」「実験する順序を無作為(等確率)化する」「実験を反復する」を，3原則(フィッシャー[27]の3原則ともよばれている)として行っている(図3.10).

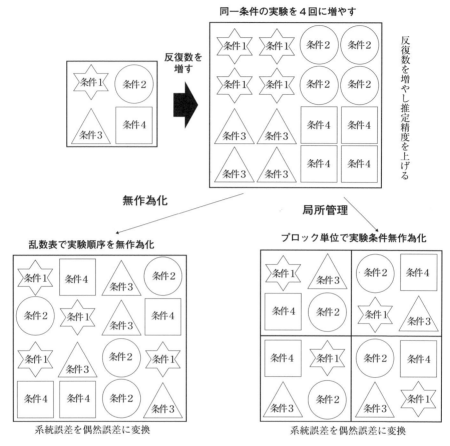

図 3.10　フィッシャーの 3 原則のイメージ

諸条件を無作為化する例として，ある自動車の新商品コンセプト調査について考えてみる．今商品選好に影響する商品外観特性として，スタイル（水準：スポーティーとドレッシー），イメージ（水準：豪華とシンプル），塗装仕上げ（水準：つや消しと光沢）を取り上げ，「商品の外観評価を高めるのに，どの組合せが適しているか」調査するため，表 3.3 に示した組合せを作成した（No.1 の実験は，スタイルが「スポーティー」で，イメージが「豪華」で，塗装仕上げが「つや消し」の外観になっている商品を意味する）．この No.1〜No.6 まで

3.4 統計理論における実験計画法

表 3.3 実験の組合せ例

実験番号	スタイル	イメージ	塗装仕上げ	選好評価
No.1	スポーティー	豪華	つや消し	84 点
No.2	スポーティー	シンプル	光沢	79 点
No.3	スポーティー	豪華	光沢	65 点
No.4	ドレッシー	シンプル	光沢	56 点
No.5	ドレッシー	豪華	つや消し	77 点
No.6	ドレッシー	シンプル	光沢	68 点

の商品について，ある顧客に，好きな程度を 100 点満点で評価してもらった結果が，選好評価である．

スタイルに絞って選好評価を考察すると，「スポーティー」スタイルの商品の平均点が 76 点，「ドレッシー」スタイルの商品の平均点が 67 点で，「スポーティー」スタイルのほうが高い選好が得られると考えられる．しかし，実験の内訳を見ると，スタイルとイメージは，水準が同数回ずつになっているが，塗装仕上げでは，「光沢」のほうが，「つや消し」よりも 2 回多く実験されている．そのため，「つや消し」と「光沢」の違いによる評価が，「スポーティー」と「ドレッシー」の違いによる評価にも含まれ，スタイルの「スポーティー」と「ドレッシー」による評価の差が，76 点 − 67 点 = 9 点とはいえなくなる．

同様に塗装仕上げに絞って，「つや消し」と「光沢」の評価の平均点を比較すると，「つや消し」が 80.5 点，「光沢」が 67 点であるが，他の要因との組合せが揃って（等確率になって）いないため，「「つや消し」のほうが高い選好が得られる」とは言い切れない．このように，データを分析する段階で，要因の効果をデータから適切に導出するためには，データを収集する実験の計画段階で，諸条件を無作為化することが必要になる．

次に実験する順序を無作為化することについて解説する．表 3.3 に示した実験では，実験番号順に顧客に評価してもらう．そのため，スタイルは，「スポーティー」要素の商品から評価し，さらに 3 回同じ「スポーティー」要素の

商品を評価した後に，「ドレッシー」要素の商品を評価することになる．「スポーティー」要素から評価させる（見せる）影響や，3回同じ「スポーティー」要素を評価させる影響が傾向として現れると，実験によって発生する誤差になってしまう．そのため，このような誤差が発生しないように，実験する順序を無作為化することが必要になる．

最後に実験を反復するとは，ある顧客1人の実験のみで，要因の効果や適切な水準の組合せを導出しても，その推論結果の精度は低い．そのため，推論結果の精度を上げるため，同一条件下での実験を反復する必要がある．反復の数は多いほど精度が高まるが，その反面，実験条件を無作為化したり，同一の実験環境を制御することが難しくなってくる．そのため，実験計画法では，さまざまな諸問題に対応する「実験の配置とデータの取り方」の方法が用意されている．

3.4.4　実験計画法での実験の配置とデータのとり方の方法

実験の配置とデータのとり方の方法を，表3.4に示す．実験の配置とは，「実験の条件をどのように割り当てているかということ」を意味する．

最も基本型となる実験の計画は，要因配置実験にして，完全無作為計画法を用いるものである．全ての因子と水準を組み合わせた配置を作成し，その配置を，乱数表などを用いて，実験の順序を完全に無作為にして，実験（データ収集）を行うやり方である．例えば，図3.11に示すように，「スタイル」「イメージ」「塗装仕上げ」の3つの因子を，全て2水準ずつで組み合わせるので，全部で$2 \times 2 \times 2 = 8$通りの配置を作成し，その8通りの配置について，無作為に順序を決めるやり方である．

ここで実験の反復（調査回答者）数を増加させると，1日で全員分の評価を得ることができず，2日目，3日目と，全ての実験（全回答者）を終えるまでに日をまたぐ場合がある．このことで，同一の実験環境が保てない（調査担当者が変わる，調査会場が変わるなど）ことによって発生する誤差に対応するには，乱塊法を用いる．

3.4 統計理論における実験計画法

表 3.4 実験の配置とデータのとり方の方法

実験条件の組合せの決め方		データのとり方(実験順序の決め方)	
配置の名称	配置の内容	方法の名称	方法の内容
要因配置実験	全ての因子と水準を組み合わせた配置にする.	完全無作為計画法	乱数表などを用いて, 実験の順序を完全に無作為にする.
因子の数が増えて実験の回数が増えた場合 ↓		↓実験の反復(調査回答者)数が多くなった場合	
		乱塊法(無作為ブロック法)	1日にできる実験の回数に制限がある場合, 日単位で実験する条件を無作為にする.
		↓因子の数が増えた場合	
直交配置実験	直交表で示された組合せの配置にする.	分割法	因子の水準を動かして実験することに制限がある場合, 因子単位で実験する条件を無作為にする.

因子 →

配置番号	スタイル	イメージ	塗装仕上げ	実験順序
No.1 の配置	スポーティー	豪華	つや消し	3番目
No.2 の配置	スポーティー	豪華	光沢	8番目
No.3 の配置	スポーティー	シンプル	つや消し	1番目
No.4 の配置	スポーティー	シンプル	光沢	4番目 ← 実験番号
No.5 の配置	ドレッシー	豪華	つや消し	6番目
No.6 の配置	ドレッシー	豪華	光沢	7番目
No.7 の配置	ドレッシー	シンプル	つや消し	2番目
No.8 の配置	ドレッシー	シンプル	光沢	5番目 ← 水準

図 3.11 完全無作為計画法を用いた要因配置実験の例

さらに，実験する因子の数が増加した場合，実験する順序を無作為にすることで，因子や水準によっては，現在評価をしている実験から次の実験に移るときに，時間や手間暇がかかってしまい，効率良く実験ができないものも出てくる（効率良く進まないということは，そこにさまざまな誤差が生まれてしまうということである）．そこで因子が多く，効率良く実験が進められない場合には，分割法を用いる．乱塊法や分割法は，日単位や因子単位というブロックの単位内で，比較したい条件を無作為にして管理するやり方であり，「局所管理」とよばれている（図3.10を参照）．

最後に，因子の数が増えると実験の回数（調査回答者に評価してもらう数）も増加する．例えば，「実験したい因子の数が6つあり，各因子とも，2水準の効果を調査したい」と考えると，実験の組合せ（調査回答者に評価してもらう数）は，$2^6 = 64$通りあり，64種類の試作品を評価することになる．このような実験は，回答者に対して現実的ではなく，因子と水準の数が増加するほど，困難な実験になってしまう．

そこで，直交配置実験という，図3.12に示す直交表という方法を用いて，全ての組合せの実験回数で行った結果に匹敵する分析結果を導出するための，少ない実験回数の組合せだけで実験する方法がある．例えば，図3.11の例で考えると，全ての組合せの実験回数は，$2^3 = 8$回であった．この実験を図3.12の直交表で見ると，半分の4回（4種類の実験商品の評価）で済む．直交表

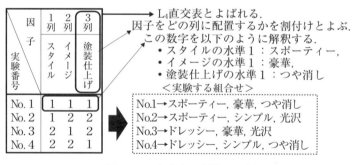

図3.12　直交表や割付けの例

3.4 統計理論における実験計画法

は，どの行もどの列も水準が1つずつ公平に配置されていることで，少ない組合せの実験結果から，全ての組合せの実験結果を推測することができる．その原理は次のとおりである．

今仮に，**図3.12**の実験結果で，No.1が32点，No.2が30点，No.3が34点，No.4が24点という(50点満点の)評価がなされたとする．スタイルについて，「スポーティー」という要素は，評価の平均点をXだけプラスさせる効果があり，「ドレッシー」という要素は，評価の平均点をXだけマイナスさせる効果があると考える(+と-は逆でもよい)．同様に，イメージについては，「豪華」の要素に+Yの効果が，「シンプル」の要素に-Yの効果が，塗装仕上げについては，「つや消し」の要素に+Zの効果が，「光沢」の要素に-Zの効果があると考える．そして最後に，No.1〜No.4までの平均点をm (mean)とすると，No.1〜No.4は次のように表すことができる．

全体の平均点 $m = (32 + 30 + 34 + 24) / 4 = 30$

No.1の評価点 = m + スポーティーの効果 + 豪華の効果 + つや消しの効果
    = $30 + X + Y + Z = 32$

No.2の評価点 = m + スポーティーの効果 + シンプルの効果 + 光沢の効果
    = $30 + X - Y - Z = 30$

No.3の評価点 = m + ドレッシーの効果 + 豪華の効果 + 光沢の効果
    = $30 - X + Y - Z = 34$

No.4の評価点 = m + ドレッシーの効果 + シンプルの効果 + つや消しの効果
    = $30 - X - Y + Z = 24$

よってこの4本の方程式を解くことで，$X = 1$，$Y = 3$，$Z = -2$と求めることができる．そのことで，実験を行っていない組合せの評価点を，次のように，計算から推論することができる．

No.5の評価点 = m + スポーティーの効果 + 豪華の効果 + 光沢の効果
    = $30 + X + Y - Z = 36$

No.6の評価点 = m + スポーティーの効果 + シンプルの効果 + つや消しの効果
    = $30 + X - Y + Z = 26$

No.7の評価点 = m + ドレッシーの効果 + 豪華の効果 + つや消しの効果
　　　　　　 = $30 - X + Y + Z = 30$

No.8の評価点 = m + ドレッシーの効果 + シンプルの効果 + 光沢の効果
　　　　　　 = $30 - X - Y - Z = 28$

このように，4つの実験結果から8つの実験結果に匹敵する情報を得ることができ，この実験からは，No.5の組合せ（スタイルが「スポーティー」，イメージが「豪華」，塗装仕上げが「光沢」）が最も高い評価が得られると判断できる．

　直交表は，このように効果的かつ効率的な実験の配置を導いてくれるが，L_4直交表以外にも，さまざまな因子数および水準数に対応した直交表が用意されている（図3.13）．また，直交表の応用パターンも開発されており，さまざまな実験に対応できる．

$L_8(2^7)$

	1	2	3	4	5	6	7
1	1	1	1	1	1	1	1
2	1	1	1	2	2	2	2
3	1	2	2	1	1	2	2
4	1	2	2	2	2	1	1
5	2	1	2	1	2	1	2
6	2	1	2	2	1	2	1
7	2	2	1	1	2	2	1
8	2	2	1	2	1	1	2

$L_9(3^4)$

	1	2	3	4
1	1	1	1	1
2	1	2	2	2
3	1	3	3	3
4	2	1	2	3
5	2	2	3	1
6	2	3	1	2
7	3	1	3	2
8	3	2	1	3
9	3	3	2	1

$L_{16}(2^{15})$

	1	2	3	4	5	6	7	8	9	10	11	12	13	14	15
1	1	1	1	1	1	1	1	1	1	1	1	1	1	1	1
2	1	1	1	1	1	1	1	2	2	2	2	2	2	2	2
3	1	1	1	2	2	2	2	1	1	1	1	2	2	2	2
4	1	1	1	2	2	2	2	2	2	2	2	1	1	1	1
5	1	2	2	1	1	2	2	1	1	2	2	1	1	2	2
6	1	2	2	1	1	2	2	2	2	1	1	2	2	1	1
7	1	2	2	2	2	1	1	1	1	2	2	2	2	1	1
8	1	2	2	2	2	1	1	2	2	1	1	1	1	2	2
9	2	1	2	1	2	1	2	1	2	1	2	1	2	1	2
10	2	1	2	1	2	1	2	2	1	2	1	2	1	2	1
11	2	1	2	2	1	2	1	1	2	1	2	2	1	2	1
12	2	1	2	2	1	2	1	2	1	2	1	1	2	1	2
13	2	2	1	1	2	2	1	1	2	2	1	1	2	2	1
14	2	2	1	1	2	2	1	2	1	1	2	2	1	1	2
15	2	2	1	2	1	1	2	1	2	2	1	2	1	1	2
16	2	2	1	2	1	1	2	2	1	1	2	1	2	2	1

図3.13　直交表の例

3.5 統計学の迷宮の構造とは

　本節では，第1章で触れた統計学をわかりにくくさせる迷宮について，この迷宮をわかりやすく捉えるための手助けとなる，3.1節で解説した統計学の分析視点である「要約」という概念を，どのように用いるかについて触れてみる．

　統計学の大黒柱は，記述統計学と推測統計学である．この記述統計学と推測統計学のなかで，さらに多くの分析手法が細分化されている．統計学で用いられる主な分析手法を図3.14にいくつか列挙する．このように，列挙したものだけでも多く存在しながら，記述統計学と推測統計学という分類以外については，統計学の体系の構造を明確に示したものはなく，統計学の各書によってさまざまな体系が存在する．

　つまり，統計学の入り口は，記述統計学と推測統計学の2つしかないように見えながら，中に入ると，枝分かれするさまざまな扉（概念・分析手法）が存在し，迷路のように複雑に各扉と扉が繋がっているのである．例えば，平均値や分散という概念は，記述統計学と推測統計学の両方にも現れたり，記述統計学と推測統計学が融合されたものが，多変量解析のなかでも登場するといったことが挙げられる．

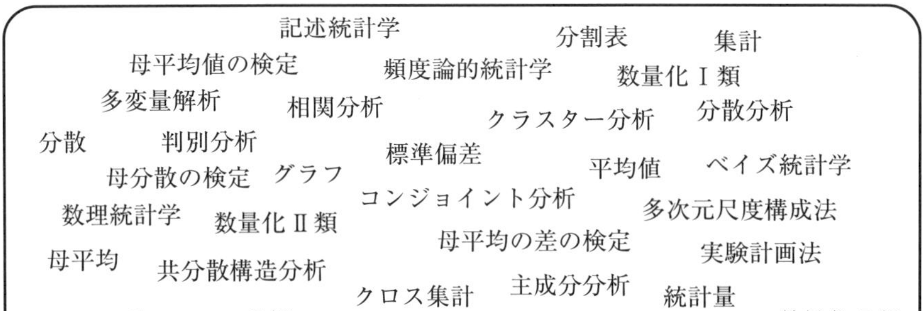

```
          記述統計学         分割表      集計
    母平均値の検定    頻度論的統計学    数量化Ⅰ類
  多変量解析    相関分析      クラスター分析   分散分析
 分散    判別分析      標準偏差     平均値    ベイズ統計学
       母分散の検定  グラフ  コンジョイント分析   多次元尺度構成法
  数理統計学   数量化Ⅱ類                      実験計画法
 母平均   共分散構造分析     母平均の差の検定
                 クロス集計    主成分分析   統計量
 コレスポンデンス分析   因子分析   数量化Ⅳ類          数量化Ⅲ類
    推測統計学                            母分散
          重回帰分析   母分散の比の検定
                                    ……etc
```

図3.14 統計学で用いられる主な分析方法

統計学の各書によってさまざまな体系が存在するということは，迷路の構造が各書によって異なっている（建物の見え方が全く異なって見える）ことを意味する．そのため，多くの統計学書に触れれば触れるほど，各書の迷路の構造を，読み手が統一的に調整，または再構築しないと，他の迷路の構造を知ることで，理解できていたはずの迷路の構造まで，わからなくなってしまうことがある．このような，さまざまな迷路の構造が存在する「迷宮」ともよべるものが，統計学には存在する．

　統計学について，抵抗感や違和感が生まれてしまうのは，数学的プロセスの理解とともに，この統計学の迷宮の構造に関する問題があると考えられる．つまり，統計学の体系が理解できていない状態では，統計学の例題を現実の問題に置き換えようとしたときに，この分析方法が導き出すものは，統計的に"何"を見て，"なぜ"そのように見ることができるのか[28]が，理解しづらくなる．さらに，統計学の各分析方法がさまざまな目的とさまざまな視点（さまざまな学者）から生まれているため[29]，「何」と「なぜ」の概念がさまざまに存在して複雑に絡み合っており，統計学の多くの分析方法を学べば学ぶほど，「何」と「なぜ」の概念に対する疑問が蓄積されていき，迷宮に迷い込んでしまうのだと考えられる．

　統計学の構造が迷宮になってしまうイメージを図3.15に示す．統計学は1人の学者が考案し，体系化したものではない．さまざまな学者の理論や手法を，図3.15のように各部屋と置き換えてみれば，かなり建て増しして，創り上げた構造物のような状態にあるとイメージすべきである．そのため，入り口は1つ（または2つ）でも，それぞれの目的ごとに，さまざまに異なる部屋が積み重なっているため，複雑に入り組んだ構造になってしまう．

　各部屋は当然異なる目的で生み出されているので，例えば，1つの建物にお風呂が4つ存在したり，同じ役割のお風呂でも「浴室，バス，リラックスルーム（統計学では回帰係数，カテゴリー数量，判別係数）」など，さまざまな名称でよばれ，逆に，役割の異なるユニットバス，ジェットバス，シアターバスなどを省略して，同じ名称のバス（統計学では標本分散，母分散，不偏分散を省

3.5 統計学の迷宮の構造とは

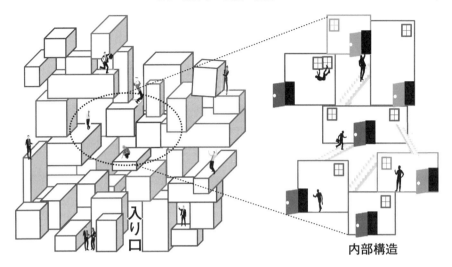

図 3.15 統計学の迷宮のイメージ

略して分散)とよんだりして，初学者が戸惑いやすくなるようになっている．

さらに内部構造(図 3.15 の右側)を見ると，例えば，各部屋に隣接する窓から隣の部屋に移動ができたり，全体と繋がりのない部屋に，隠し通路や階段が存在し，ある部屋から裏で繋がっている場合もある．このため，各部屋(各分析手法)の関係性や繋がり，全体としての構造は一段とわかりづらい．

そこで統計学の迷宮をできるだけクリアーにするため，本書で用いる統計学の体系を図 3.16 に示す．ただし，この体系が全てではなく，精確とも言い切れない．本書で取り上げていない分析方法や，これから新たに誕生する分析方法については，この体系のなかに付け加えていかなければならない．

この統計学の迷宮の体系に圧倒されず，また，迷宮に迷わないためには，統計学の知識の体系について，「この迷宮の構造物(図 3.16 も含む)をどのように 1 つの建物として理解できるようになるか」が重要になる．そして，複雑に存在する各分析方法の「何」と「なぜ」の概念を単純化した，共通的に使える考え方(フレームワーク)が求められる．

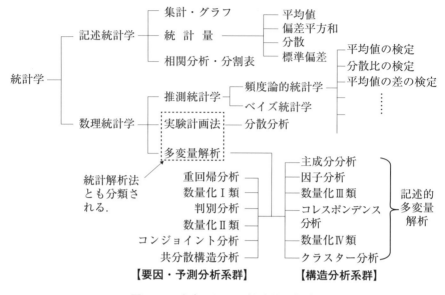

図 3.16　本書で用いる統計学の体系

3.6　要約の概念による統計学の各分析手法の位置づけ

3.6.1　要約の概念を小説にたとえてみる

　3.1 節で述べた要約の概念を用いると，統計学とは，「規則性・法則性を察知・発見するために，全体のデータに対して，どのような要約作業・方法があるのか，そしてその要約作業・方法を行うことで，どのような有益な考察・判断が行えるかを示してくれるもの」と単純に捉えることができる．統計学で行われるこの要約作業・方法の主なものをまとめると，図 3.17，図 3.19〜図 3.21 のようになり，この要約作業・方法を〇〇分析と置き換えると，多くの統計学の書籍と対応できる．また，「どのような要約作業・方法を行っているか」が理解できるように，図の右側には，小説の例で対応するものを示したが，これは，「本書で用いる統計学の体系」(図 3.16) と併せて見ると理解が深まる．

3.6.2 集計・グラフ化

まず，要約の代表ともいえる「集計・グラフ化」という要約がある（図3.17）．小説であれば，どれだけ分量が多く，物語が複雑であっても，最初から順番に文字を読むことで，ある程度の時間や労力は必要になるが，その内容を理解できるときはやがてやってくる．しかし，収集されたばらつきをもったデータは，数値が羅列されたものなので，最初から順番に時間をかけて読み込んでも，理解できるようになるとはいいがたい．そこで小説にもあらすじというものがあるように，個々の情報量を減らし，全体の見える化を行う要約の作業（分析）が，集計・グラフ化である．

集計・グラフ化によって，全体像が視覚化され，データの特徴あるところが浮き彫りになる．データに対して，さまざまな項目（変数や変量とよばれる）ごとに集計・グラフ化を行い，（共通点や相違点などについて）比較分析も行われる．小説にたとえると，「第1章，第2章……の要約」「主人公の視点での要約」など，角度を変えて，情報量を減らし，小説の中身を端的にわかりやすくさせるものといえる．

以上のことから，一変数や二変数の分析に用いられることが多く，量的変数および質的変数ともに，集計・グラフ化を行うことができる．

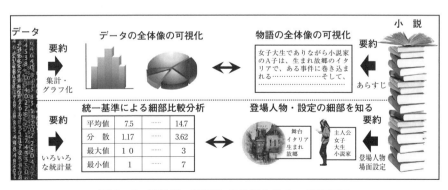

図 3.17　統計学の種類と各分析方法との関係図 I

3.6.3 統計量の活用

次に,いろいろな統計量(要約量ともよばれる)の導出(計算)という要約がある(図 3.17).集計・グラフ化によって,全体像が視覚化されたが,グラフについて,細部を読み取ったり,比較したりする場合,統一した客観的基準で行うことは難しい.

そこで,グラフからより情報量を減らして,グラフの代表的なある部分の情報を数値で表し,その数値を用いることで,データの細部を読み取ったり,比較したりできるようになる.この数値が統計量で,グラフの真ん中を表す平均値,データの拡がり具合を表す分散,最大・最小を表す最大値・最小値など,さまざまな統計量が存在する(図 3.18).

小説にたとえると,登場人物や舞台となる設定を紹介するようなものである.小説のなかに登場するそれぞれの点(各登場人物や各設定場所など)を理解することで,物語の内容や特徴を理解しやすくさせてくれる.

ただし,点だけを眺めていても,比較はしやすくなるが,全体像が見えない(情報量が少ない)ことに注意が必要である.小説でも,登場人物や舞台となる設定だけを知って,本を閉じる人は皆無であろう.登場人物や舞台となる設定を頭の中に入れて,あらすじや本文を読むからこそ,物語への理解が高まるの

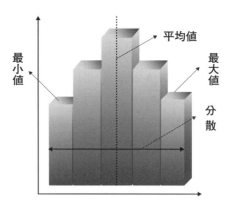

図 3.18 グラフとさまざまな統計量の関係

である.よって,統計学を用いる場合も,統計量を眺めながら,グラフや元データを考察することで,収集したデータの規則性・法則性に関する知見に迫れるのである.

以上のことから,一変数・二変数の分析に用いられることが多く,量的変数で統計量を求めることができる.最大値・最小値など,一部質的変数でも求めることができる統計量もある.

3.6.4 相関分析・クロス集計

相関分析・クロス集計という要約(図3.19)は,集計・グラフ化と統計量とも関連する要約であり,2つの変数間の関連に焦点を絞って行う要約である.

相関分析は,2つの量的変数を散布図としてグラフ化し,相関係数という統計量を導出する要約を行う.クロス集計では,2つの質的変数を分割表に集計

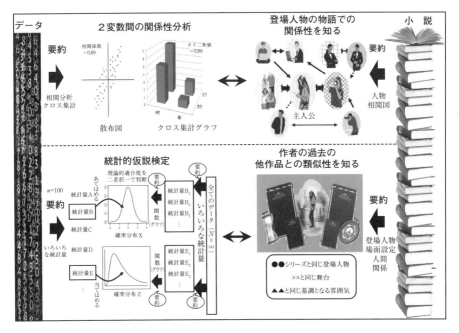

図 3.19 統計学の種類と各分析方法との関係図 II

し，カイ二乗値という統計量を導出する要約を行う．散布図と分割表(グラフでも表現可能)はグラフで，2変数間の関連を視覚化でき，相関係数とカイ二乗値は，2変数間の関連を数値で表した統計量で，読み取りや比較を細部まで行える．

小説にたとえると，登場人物を人物相関図にまとめ，人間関係の視点から，物語の内容や特徴を理解させてくれるものである．

以上のことから，二変数間の分析に用いられることが多く，量的変数と量的変数の関係を分析するのに散布図と相関係数が，質的変数と質的変数の関係を分析するのに分割表とカイ二乗値が用いられる．

3.6.5 統計的仮説検定

統計的仮説検定(推測統計学)という要約(図 3.19)は，全てを収集したデータについて，「全データの発生するメカニズムを，確率分布を生成する関数に当てはめ，収集したデータ(例えばデータ数 100)から要約(計算)した統計量が，この分布の理論(関数)に従って出てくるデータの一部であるか」を確かめるものである．全データの発生メカニズムを関数(分布というグラフで表現可能)に要約し，その要約した関数のなかに，「要約した統計量が理論的に当てはまるのか，当てはまらないのか」という二者択一の要約した判断を行うことで，収集したデータから全データの傾向を推測するものである．

小説にたとえると，「今読んでいる小説が，作者の過去の多くの他作品と類似しているかどうか」を，主人公や舞台など(小説のなかで登場するそれぞれの点)の現われ方の視点で，類似度を判断しているようなものである．

以上のことから，一変数・二変数の分析に用いられることが多く，量的変数・質的変数ともに，統計的仮説検定を行うことができる．

3.6.6 実験計画法

実験計画法という要約(図 3.20)は，大きく分けて，データを計画的に収集する方法(実験の計画)とそのデータを分析する方法の2つがある．分析する方

3.6 要約の概念による統計学の各分析手法の位置づけ

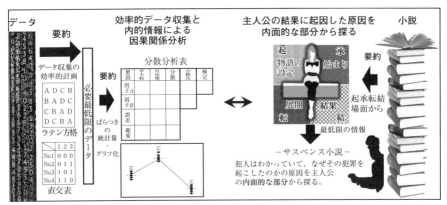

図 3.20 統計学の種類と各分析方法との関係図III

法は分散分析法で，データ内部にある変動を，ある要因を引き起こす変動(ばらつき)とそれ以外の変動(ばらつき)を表す統計量に要約し，「どちらが大きな変動であるか」を要約した統計量で比較して，要因を引き起こす変動が，それ以外の変動よりも大きければ，「要因を引き起こす変動がある」と判断して，影響する要因の特定を行うものである．

この分散分析法を行うのに必要最小限のデータを収集する効率的な実験の計画方法が，実験の計画そのものであり，全データを収集しなくとも分散分析法が行えるというプロセスの要約となる．このとき，ラテン方格[30]という原理を用いることで，最小限のデータで分散分析法を行うことができる．

小説にたとえると，分散分析法は，結果がわかっており，「なぜその結果が起こったのか」の原因を探るサスペンス小説のようなものであり，その原因を探る手がかりを，主人公の内的な面に求めているものである．また，実験の計画は，原因を探る手がかりとなる情報を，小説の全文から得るのではなく，起承転結という必要最小限の場面から，効率良く主人公の情報を得ているようなものである．

以上のことから，量的変数・質的変数ともに，実験計画法は，一変数から多変数に及ぶ分析に用いられることが多い．

3.6.7 多変量解析

多変量解析という要約(図3.21)は，多変数のデータを同時に分析するときに用いるので，一段と要約が必要になる．

分析方法は大きく分けて，目的変数とよばれる結果系変数と，説明変数とよばれる原因系の変数との「①因果関係を分析する要因分析」と，多変数のデータの背後に隠れた共通の変数を作り出し，その作り出した変数を用いて，「②多変数のデータ構造を分析する構造分析」がある．どちらとも，データをさまざまな一次の線形関数に当てはめる要約を行う．これは，いくつか用意されているフレームワーク(モデル式という型)に当てはめるイメージである．また，当てはまった一次の線形関数を統計量として要約したり，グラフに要約したりして，多変数間の関連を視覚化し，読み取りや比較を細部まで行えるようにする．

小説にたとえると，要因分析は，結果がわかっており，「なぜその結果が起こったのか」の原因を探るサスペンス小説のようなものであり，その原因を探る手がかりを，主人公の外的な面とのかかわりに求めているようなものである．また，構造分析は，物語にあるいくつかの手がかり(伏線)を組み合わせることで，目に見えない結果を探るミステリー小説のようなものであり，手がかりを組み合わせて作った新しい視点(変数)から，「目に見えない結果がどのような

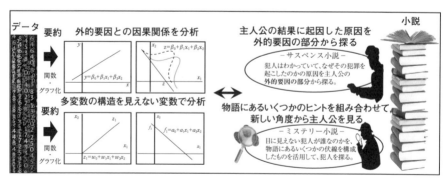

図 3.21 統計学の種類と各分析方法との関係図Ⅳ

ものか」を示してくれるものである．

以上のことから，量的変数・質的変数ともに，多変量解析は多変数の統計解析に用いられることが多い．

このように，要約の概念を用いて統計学を理解することで，統計学の各分析手法も，「どのような要約目的で，どのような要約作業を行っているのか」と単純に捉えることができる．そのことで，各データ分析の目的に対する各分析手法の位置づけや効用が理解しやすくなる．第4章と第5章で，これらの各分析手法を具体的に解説していく．なお，実務における記述統計および推測統計の分析手法は，「セル計算，グラフ機能，分析ツール，関数」を用いることで，Excel でも十分対応できる．多変量解析でも，Excel の Solver 機能を使うことで，作業の手順は多くなるが，計算できる手法も多くなっている．また，プログラミングの知識があると，オープンソース・フリーソフトウェアの R を活用することもできる．ただし，初学者や教育の段階では，専用の統計ソフトを用いるほうがよい．統計ソフトを用いた専門書は多く出版されている．

第3章の参考文献

[1] Stephen M. Stigler (2016)：*The Seven Pillars of Statistical Wisdom*，Harvard University Press.
[2] 新村出編 (2018)：『広辞苑　第七版』，岩波書店．
[3] 盛山和夫 (2004)：『社会調査法入門』，有斐閣．
[4] 北川由紀彦，山北輝裕 (2015)：『社会調査の基礎』，放送大学教育振興会．
[5] 永田靖 (2000)：『入門 実験計画法』，日科技連出版社．
[6] 山田秀 (2004)：『実験計画法　方法編』，日科技連出版社．
[7] 丸山一彦 (2014)：「有望市場・有望ターゲットを発見するための仮説構築に関する研究」，『和光経済』，第46巻，第2号，pp.21-38.
[8] 東京大学教養学部統計学教室編 (1991)：『統計学入門』，東京大学出版会．
[9] 東京大学教養学部統計学教室編 (1992)：『自然科学の統計学』，東京大学出版会．
[10] 東京大学教養学部統計学教室編 (1994)：『人文・社会科学の統計学』，東京大学出版会．
[11] Stanley Smith Stevens [Editor] (1951)：*Handbook of Experimental Psycholo-*

gy, John Wiley & Sons Inc.
- [12] 天坂格郎, 長沢伸也(2000)：『官能評価の基礎と応用』, 日本規格協会.
- [13] 佐藤信(1978)：『官能検査入門』, 日科技連出版社.
- [14] Charles E. Osgood, George J. Suci, Percy H. Tannenbaum (1957)：*The Measurement of Meaning*, University of Illinois Press.
- [15] 丸山一彦(2008)：『戦略的顧客満足活動と商品開発の論理』, ふくろう出版.
- [16] 酒井隆(2004)：『マーケティングリサーチハンドブック』, 日本能率協会マネジメントセンター.
- [17] 二木宏二, 朝野熙彦(1991)：『マーケティング・リサーチの計画と実際』, 日刊工業新聞社.
- [18] 朝野熙彦, 上田隆穂(2000)：『マーケティング&リサーチ通論』, 講談社.
- [19] 加藤五郎(1989)：「ニューウェーブ・サンプリング—調査すべき対象者・事業所を選ぶための新しいアプローチ—」, 『企業診断』, Vol.36, No.7, pp.25-30.
- [20] 後藤秀夫(1987)：『改訂新版 市場調査マニュアル』, みき書房.
- [21] 社会調査研究所監修, 後藤秀夫(1997)：『改訂新版 市場調査ケーススタディ』, 日本マーケティング教育センター.
- [22] 柏木重秋編(1999)：『マーケティング・リサーチ』, 同文舘出版.
- [23] 盛山和夫(2004)：前掲書 3.
- [24] 浅井晃(1987)：『調査の技術』, 日科技連出版社.
- [25] 上田拓治(1999)：『マーケティングリサーチの論理と技法』, 日本評論社.
- [26] 佐々木脩, 工藤紀彦, 谷津進, 直井知与(1985)：『実践 実験計画法』, 日刊工業新聞社.
- [27] Ronald Aylmer Fisher(1966)：*The Design of Experiments*, Oliver & Boyd.
- [28] 佐伯胖, 松原望編(2000)：『実践としての統計学』, 東京大学出版会.
- [29] David Salsburg(2001)：*The Lady Tasting Tea*, Henry Holt & Company.
- [30] 石川馨, 中里博明, 松本洋, 伊東静男(1968)：『改訂版 初等実験計画法テキスト』, 日科技連出版社.

第4章　記述統計・推測統計による市場分析

4.1 記述統計と推測統計の関係

　第3章では，本書で取り上げるいろいろな分析手法について，「データをどのように要約しようとしているのか」「どのようなことに役立つのか」という各手法の分析視点とその価値を体系的に解説してきた．これらの分析手法をデータ（統計）処理の流れに沿ってまとめると，**表4.1** のようになる．実務でのデータ分析では，このデータ処理の流れも身につけることが肝要で，データ処理の流れが理解できると，自身の分析目的に対して，「どのような流れで，分析作業を行えばよいか」について組み立てられるようになる．

　表4.1の流れで見ると，「記述統計はデータ処理のスタートや基礎としての大きな役割を果たしている」といえる．そして推測統計では，これらのデータ

表4.1　データ処理の流れと各分析手法

データ（統計）処理の流れ	分析手法	統計学分類
①データを整理する．	集計・グラフ	記述統計
②データの差を比較する．	基本統計量	記述統計
③データの関係性を発見する．	相関分析	記述統計
④データの因果を解明する．	回帰分析	記述統計
⑤大多数のデータの世界を分析する．	検定・推定	推測統計
⑥多変数のデータの世界を分析する．	分散分析（実験計画法） 多変量解析	数理統計

処理の結果を大多数のデータの世界に拡張して,「その差や関係性が,得られたデータの世界と同様の結果になるか」について分析する.そのため,記述統計と推測統計は密接に関連し,記述統計の内容や結果を最初から推測統計や多変量解析に拡張することを考えているので,記述統計学の内容が推測統計学や多変量解析の理解には必要であり,また役立つのである.そのため,本章ではデータ処理の流れに沿って各分析手法を解説するが,記述統計学と推測統計学の解説が往来する箇所もあるため,随時参照箇所を確認することをお薦めする.ただし,多変数のデータの世界への拡張については,分散分析のみ本章で扱い,多変量解析については第5章で扱う.また紙面の関係から統計的推定を割愛している(統計的検定が理解できれば,推定は自学できる).

4.2 一変数のデータを記述統計的に分析する手法

4.2.1 データの集計とグラフ化

(1) 質的データの集計

変数の型が質的変数の場合は,該当する質問の回答選択肢ごとに,その回答した度数(個数)を集計していく.集計とともに,その各度数集計の相対比率(全体から見て何%であるか)も計算しておくとよい.

(2) 量的データの集計

変数の型が量的変数の場合は,度数を集計するためのカテゴリー(回答選択肢など)に分かれていないため,分析者がカテゴリーとなる区切り(これを区間とよぶ)を作成して,その区間に該当する度数を集計していく.この表を度数分布表(表4.2)とよぶ(多くの統計ソフトでは,分析者が区間を作成しなくとも,自動的に度数分布表を作成してくれる).

(3) 集計されたデータのグラフ化

このように作成した集計表や度数分布表を用いて分析を行うこともももちろん

表 4.2　自動車の月平均使用時間の度数分布表(単位時間：以上〜未満)

階　級	1.5〜2.5	2.5〜3.5	3.5〜4.5	4.5〜5.5	5.5〜6.5	6.5〜7.5
階級値	2.0 時間	3.0 時間	4.0 時間	5.0 時間	6.0 時間	7.0 時間
度　数	10 人	50 人	115 人	75 人	35 人	15 人
比　率	3.3%	16.7%	38.3%	25.0%	11.7%	5.0%

できるが，視覚化して，よりデータの特徴を感覚的にも理解するためには，グラフを作成して，分析に用いるとよい．現在，Excel などの表計算ソフトや統計ソフトを用いると，さまざまなグラフを簡単に作成することができる．ただし，各グラフは，それぞれ活用に適した長所(例えば，棒グラフは最大値・最小値が，円グラフは全体での割合が読み取りやすいなど)があるため，その長所が生かされるグラフを選択しなければ分析に役立ちにくい．

(4) 集計・グラフ化の活用ポイント

市場分析における集計・グラフ化を行う重要な意味は，以下の点にある．

①データ入力ミスのチェック

集計結果から，該当しない選択肢および変数の型違いなどが発見できる．

②母数の少ないカテゴリーの発見

「相対比率が一桁未満であるかどうか」で二変数以上の分析(各カテゴリー別に集計や計算)を行っても意味を成さないカテゴリーが発見できる．

③特質的なデータの発見

全体の回答者と比較して，傾向が大きく異なる少数回答者が発見できる．

市場に関する調査データは，実験室で収集されるデータとは異なり，こちらが意図しない(コントロールできない)データが，どうしても収集される．①や②は，時間と費用をかければ管理できなくはないが，予算や計画スケジュールのため，やむを得ず許容する部分もある．そのようなときは，集計・グラフ化を用いて，必ず①と②をチェックする必要がある．入力ミスデータや，母数の少ないカテゴリーを含んだ分析は，意味のない分析結果を導くことになるため，

そのことに気づいていないと，もっと深刻な問題が発生する．

さらに③は，同じターゲット顧客でも，「たまたま調査を行う1週間前にその地域に引っ越してきた人」「偶然にも調査期間中に，実際に自動車の購入選択を行っている最中で，いろいろな情報にとても詳しい人」などが，回答者に含まれる場合もある．このような全体の回答者と傾向が異なる回答者が数名いるデータで分析を行うと，全体の傾向が少数の異なる傾向に影響を受けるため，本来の全体の傾向とは異なる分析結果が導出されることが多い．

市場分析における集計・グラフ化は，データを整理する以外にも，データを適切な状態に整備するという重要な意味を含んでおり，実はとても大事な最初のデータ分析作業である．そのため，以降で解説する全ての分析手法は，前述の①②③がきちんと検討され，適切に整備されたデータを用いていることを前提に解説していく．

このように適切に整備された後のデータを用いて，集計し，グラフ化した結果からは，全体像の特徴や傾向が抽出しやすくなり，他の質問項目との共通点や相違点について比較が行えるようになる．

質的データについては，集計表・グラフともに，最大値・最小値，相対比率（以降，比率と表記する）を見るとよい．特に度数の少ないカテゴリーについては，分析に使用できる有効度数の基準をここで決定するとよい．

量的データを集計した度数分布表をグラフに表したものをヒストグラムとよび，横軸が区間に分けた階級値で，また，縦軸が各度数で表現される（**図 4.1**）．ヒストグラムの場合は，最大値・最小値，比率に加えて，「真ん中の値」「データの拡がり（散らばりとも表現される）具合」「分布の形」も考察する．

データの特徴を端的に理解する1つの部分が，グラフの真ん中の位置である．この位置を把握することで，データの中心的な傾向を分析することができる．しかし，同じ真ん中の位置であっても，データの拡がり（以降，**ばらつき**と表記する）が異なると，その意味は違ってくる．**図 4.1**を見ると，2つのヒストグラムとも真ん中の位置は，60～65点（ある商品のデザイン要素の評価）である．しかし，データのばらつきが異なることで，「格好良さ」の評価は最も高

4.2 一変数のデータを記述統計的に分析する手法

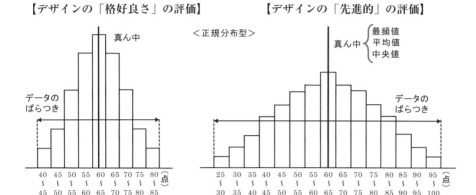

図 4.1 データのばらつきが異なるヒストグラム

く評価した(80～85点)方々から見て20点差のある真ん中の位置にあり,「先進的」の評価は最も高く評価した(95～100点)方々から見て35点差のある真ん中の位置にあるという違いが生ずる. そのため, 中心的評価が同じ60～65点であっても,「先進的」の評価は平均的に良い評価が得られていると単純にはいえない.

また, 分布の形(グラフの全体的な山の形)が異なることも, 真ん中の位置する意味を異ならせてしまう. 図4.2を見ると,「若者向き」の評価は, 分布の形が右側に裾野が広いため, 真ん中の位置と度数の多い位置が異なる. また「ワクワクする」の評価は, 分布の形がふた山になっているため, 真ん中の位置と異なる位置に, 2つの度数の多い位置が存在する. このことで, データの中心的傾向が真ん中の位置からズレるため, 図4.1と同様な, 真ん中の位置を元に分析を行っても, データの中心的傾向を抽出することは難しい.

このように, 量的データの場合はデータのばらつきと分布の形が真ん中の値を補う要素として, データを適切に読み取るための要になってくる(4.3.2項で詳しく解説している). また量的データでは, 集計表やグラフを一つひとつ見ていくことで,「性別や居住地域に分けて, 自動車の使用時間に共通点や相違点がないか分析してみよう」という二変数以上の分析視点の手がかりを見つ

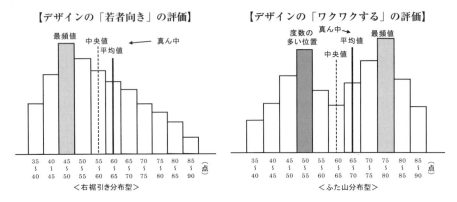

図 4.2　分布の形が異なるヒストグラム

けることに役立ってくる（次節・次章以降で解説する）．

4.2.2　グラフを表す代表値（基本統計量）

(1) グラフを数値化する役割

　グラフは，視覚化され，とても感覚的にわかりやすくなる道具である．ただし，違いの少ない，または類似した量的データのグラフの比較となると，その相違点や共通点を感覚的に探すのは難解になる．そしてそのグラフの読み取り方は，主観的なものになり，さまざまな解釈になってしまう．

　そこで，特に量的データについては，誰が分析しても，ある程度統一的な読み取りができるように，客観的なアプローチも必要になる．それが，グラフの代表的な部分を数値化した基本統計量である（このようなアプローチができるのは，四則演算できる量的データだからこその利点ともいえる）．

(2) グラフの真ん中を表す統計量

　グラフの真ん中を表す統計量で多く用いられるのが平均値である．平均値は，図 4.3 に示すように，全てのデータを足し算し，データ数で割ったもので，言葉の意味からは，「平らに均す」と解釈できる．

　その他に，中央値（メディアン）と最頻値（モード）がある．中央値は，データ

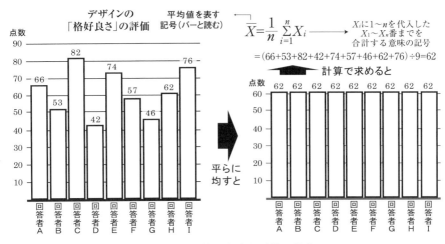

図 4.3　平均値の意味と計算の仕方

を大きさ順に並べ，ちょうど真ん中に位置する値のことである．図 4.3 のデータでは，{42, 46, 53, 57, **62**, 66, 74, 76, 82} で，中央値は 62 になる．データ数が偶数の場合は，真ん中に位置する 2 つのデータの平均値になる．また，最頻値は最も度数の多い値を表すので，質的データの場合は最大値になり，度数分布表やヒストグラムの場合は最も度数の多い階級値になる．

　一般的な統計学の書籍では，平均値，中央値，最頻値を使い分けることを推奨するが，真ん中の値には平均値を用いればよい．「平均値は数個の極端な値があるとその影響を受けるため，中心的特徴を適切に表すことができない場合もある」といわれている．しかし，集計・グラフ化の活用ポイントで解説したデータの整備（入力ミスのデータ，特質的なデータの処理）を適切に行えば，数個の極端な値の影響が発生することはほぼないと考える．

　また図 4.2 に示すように，平均値，中央値，最頻値は，分布の形によって位置が異なるため，「平均値は，分布の偏りのあるデータも，中心的特徴を適切に表すことができない」といわれている．しかし，市場分析では「何をどのように分析するために，どのようにデータが収集されているか」を考えれば，平均値を用いたほうがよいということが理解できる．そのことを以下に解説する．

最頻値を中心線にして，ちょうど左右対称の形(**図 4.1 を参照**)になると，平均値，中央値，最頻値は同じ位置になり，中心的傾向を抽出するのにとても理解しやすくなる．この分布の形を正規分布型とよぶ．統計学では，多くの場面でこの分布の特性や利点を活用するため，重要な分布になる．

この正規分布型の特性の1つに，「正規分布型をしていない分布(**図 4.2 を参照**)でも，データがある程度の大多数(統計学では母集団とよんでいる)になると，ほぼ正規分布型になる」がある．さらに，「正規分布型をしていない分布から求めた平均値でも，データがある程度の大多数になると，その各平均値は正規分布に従って表れ，母集団の平均値に近づく」という特性もある(この特性を中心極限定理とよぶ．詳しくは **4.4.2 項を参照**)．

つまり，得られたデータから，その背後にある大多数のデータの特徴や傾向を分析するのであれば，得られたデータの分布が偏っていても，その背後にある大多数のデータは正規分布型が多く，得られたデータの平均値は大多数のデータの平均値と一致するのだから，平均値を用いて分析を行ったほうがよいということがわかる(逆に平均値を用いないと，母集団の世界との関係を導けなくなる)．また，二桁にも満たない数個のデータで分析しているのなら問題であるが，市場を分析するために適切な調査設計(**3.3 節を参照**)の元に，適切なデータ数が収集されているので，得られたデータから，その背後にある大多数のデータを想定した「平均値」を用いるのは，自然な考え方である．

そもそも平均値は，全てのデータを足し合わせることから，中央値や最頻値に比べて，情報量としての総量が多い．また，平均値，中央値，最頻値を使い分けてよいのなら，真ん中の値に，平均値ではなく，中央値や最頻値を用いた分析においても，以降で解説する平均値を基準にして各データのばらつき具合を表現する「分散や標準偏差」という統計量を用いて分析していることに何かしらの違和感を覚える．

(3) グラフの拡がり具合を表す統計量

集計・グラフ化の活用ポイントで解説したように，量的データの場合は，真

ん中の値だけでなく，データのばらつきもセットにして考察するため，データのばらつきを表す統計量も必要になる．

データのばらつきを適切に捉えるためには，「ある基準となる値から，全ての各データがどれだけ離れているか」の値を見ればよい．そして，基準となる値は，データの中心となる「平均値」を用いれば，統一的に活用できる（「なぜ平均値がよいのか」は前述のとおり）．この平均値からの各データの離れ具合の値を，「平均偏差（平均値からの差という意味）」とよび，この平均偏差の総和（合計）が，データのばらつきを表す統計量になる（**図 4.4**）．

ただし，平均偏差は，平均値を中心にして左右で±が混在するため，単純に総和すると，本来のデータのばらつきを表す量を求めることができない．そこで±の影響を除くため，平均偏差を2乗してから和を求める．この値を，「偏差平方和（平均偏差を平方して総和したという意味，Sum of Squares：S で略記される）」とよび，以下の式で求められる．

$$偏差平方和 = \sum (X_i - \overline{X})^2$$

同じデータ数の場合は偏差平方和で比較ができるが，データ数の異なる変数同士を比較する場合は偏差平方和をデータ数で割り，データ1個当たりのばらつき具合を表した「分散（Variance：V で略記される）」という統計量を用いる．分散は以下の式で求められるが，以下の式はデータ数ではなく，「データ数 -1」の自由度で割った不偏分散を求めている．不偏分散は，得られたデー

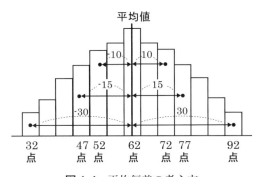

図 4.4 平均偏差の考え方

タからその背後にある大多数のデータを想定(推定)した「分散」だとイメージすればよい(詳しくは 4.4.3 項を参照). 市場分析では, 得られたデータから, その背後にある大多数のデータの特徴や傾向を分析するため, 平均値と同様に, データのばらつき具合についても, 最初から, 大多数のデータを想定(推定)した「分散」を求め, 分析に活用する(4.4.2 項を同時に読むことを推奨する).

$$不偏分散 = \frac{1}{n-1}\Sigma(X_i-\overline{X})^2$$

最後に, 分散という統計量は, 元のデータを 2 乗した値であるため, 実際の単位よりも大きな値として表現される. そこで実際の単位に戻すため, 分散の平方根を求める. この値を,「標準偏差(standard deviation : s で略記される」とよび, 以下の式で求められる.

$$標準偏差 = \sqrt{\frac{1}{n-1}\Sigma(X_i-\overline{X})^2}$$

(4) 基本統計量の活用

Excel も含め, 統計ソフトを用いると, 前述した統計量以外に, 最大・最小値, 歪み, 尖りなど, さまざまな基本統計量が求められる. 本書ではグラフとの併用を前提にしているので, グラフで適切に把握しづらい要素を主とした表 4.3 に示す基本統計量の考察で, 本質的な分析は十分できると考える. 重要な点は, 基本統計量を求める変数として仮説検証を行う変数を, また, 新しい発見を狙うなら, 今まで取り上げてこなかった変数を選択していることである.

表 4.3 ある商品のデザイン評価の基本統計量

	格好良い	先進的	若者向き	ワクワクする
有効サンプル数	298 人	305 人	300 人	302 人
平均値	62 点	62 点	58 点	60 点
標準偏差	6.0 点	12.0 点	11.5 点	13.5 点

4.3 二変数の差・関連性を記述統計的に分析する手法

4.3.1 分析対象となる二変数の組合せ

　一変数の場合は，質的変数と量的変数の2つの変数の型に分けて，「集計表・グラフ」「量的変数の基本統計量」を分析手法として解説してきた．二変数間の分析になると，表4.4に示す2種類の変数の型を組み合わせた3パターンに分けて考えていくと理解しやすい．二変数の場合も，一変数と同様に，まず集計・グラフ化によって全体像の特徴・傾向を掴むことから行い，その集計表・グラフを統計量に変換して，統一的な分析を詳細に行っていくとよい．

4.3.2 2つの変数・カテゴリーの差の分析（グラフ・基本統計量の比較）

　2つの量的変数のグラフ・基本統計量の真ん中の値（平均値）とデータのばらつき具合の値（標準偏差）を主として，仮説検証する変数で比較することで，さまざまな分析ができる．またこの分析は，質的変数のカテゴリーごとに層別して，量的変数のヒストグラムと基本統計量を求め，カテゴリーごとに比較することと同じである．どちらとも問題は，①同じ平均値で異なるばらつきをもつ

表4.4　分析対象となる二変数間の組合せと分析手法

		集計・グラフ	統　計　量
差の分析	質的変数と量的変数	ヒストグラム，折れ線グラフなど	基本統計量（平均値・標準偏差など）
	量的変数と量的変数		
関係性分析	質的変数と質的変数	分割表，棒・帯・面グラフなど	カイ2乗値
	量的変数と量的変数	散布図	相関係数
因果分析	量的変数と量的変数	回帰直線	回帰係数，寄与率

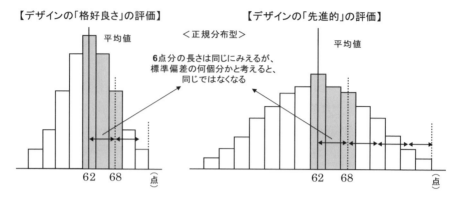

図 4.5　ばらつきによる平均値の意味の異なり

変数同士の比較と，②平均値が異なる変数同士でどのようにばらつきを比較するのかである．このことについて，表 4.3 と図 4.5 を用いて解説していく．

表 4.3 は，ある商品デザインの「格好良い」から「ワクワクする」までの評価（100 点満点）データについて，平均値と標準偏差を求めたものである（ヒストグラムは図 4.5 を参照）．この分析結果からは，「「格好良い」と「先進的」の評価は，ともに平均値 62 点であり，デザイン要素のなかでは，平均的に高い評価が得られた」と読み取れる．しかし，標準偏差は 2 倍の差があるため，「格好良い」と「先進的」の評価は同じとはいえない．例えば，「格好良い」の評価で 68 点，「先進的」の評価で 68 点と評価した人がいたとする．同じ 68 点をつけているが，「格好良い」の評価と「先進的」の評価の分布のなかで考えると，この 68 点には違いがあることがわかる．「格好良い」の評価では，平均値より 6 点高いことは，標準偏差 6 点から考えると，平均から標準偏差 1 個分評価が高い点数であることを表している．これが「先進的」の評価になると，同じように平均値から 6 点高いが，標準偏差 12 点で考えると，平均から標準偏差 0.5 個分しか評価が高まらない点数を表している．つまり，平均値が同じでも，標準偏差が異なると，1 点 1 点の重みが異なることになり，「格好良い」の評価に比べて，「先進的」の評価で高い評価を得ることは，なかなか難しいことがわかる．

このことを別の観点から解説すると，平均値と標準偏差がわかることで，「68 点は，最高得点から何番目に位置するか」がわかる（厳密には，標準正規分布表を用いて確率計算によって求まる．詳しくは 4.4.2 項を参照）．前述の解説では，標準偏差 1 個分や 0.5 個分と表現したが，今度は，「最高得点から見て，68 点以上の評価をした人がどれだけいるか」を考えればよい．

「先進的」の評価は 68 点以上の評価をした人が多くいたことで，標準偏差 0.5 個分しか高められなかった．しかし，「格好良い」の評価は評価する人が多くいなかったことで，標準偏差 1 個分も高められた．このように解釈すれば，その違いが理解できる（「多くの人がいたので，半 (0.5) 歩しか足が出せなかった」のと，「多くの人がいなかったので一歩足を出せた」とイメージするとよい）．つまり，ターゲット顧客（回答者）にとっては，今回のデザインについての「先進的」の評価は，「全体的に 1 点 1 点の違いを細かく（例えば，1 点刻みで）評価できる（逆に「格好良い」の評価は 3 点や 4 点刻みでしか評価できない）デザイン要素であった」と，この分析結果から導出できる．

このように，ばらつきの異なるデータ同士を比較する場合，統計学では標準化を行った値で比較する．標準化とは，各データから平均値を引いて，標準偏差で割った値を求めることである．前述の例の「格好良い」の評価 68 点を標準化すると「(68 点 −62 点)÷6＝1」となり，「先進的」の評価 68 点を標準化すると「(68 点 −62 点)÷12＝0.5」となるため，それぞれ標準偏差 1 個分と 0.5 個分と解説した値と同じになる．また，標準化したデータは，平均値 0，標準偏差 1 の標準正規分布に従って表れる特性をもつようになるため，単位の異なる変数同士についても平均値の比較が行えるようになる．

次に，「先進的」の評価と「若者向き」の評価の標準偏差は，ほぼ同じぐらいである．しかし，平均値が異なるため，どちらのほうがばらついているか，単純に比較ができない．このような場合，標準偏差を平均値で割った，「変動係数（Coefficient of Variation：CV と略記される）」を用いることで，平均値の異なる変数同士でばらつきの比較ができるようになる．「先進的」と「若者向き」の評価で変動係数を求めると，「先進的」の評価の CV は (12 ÷

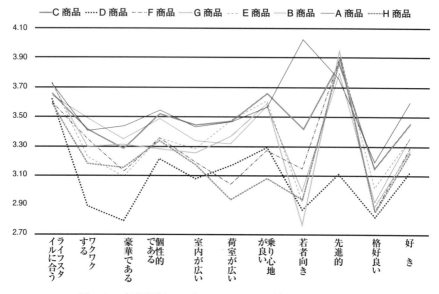

図 4.6　商品評価のスネークプロット（商品別の平均値）

62＝0.194）となり，「若者向き」の評価の CV は（11.5 ÷ 58＝0.198）となるため，「若者向き」の評価のほうがばらつきが大きいことがわかる．

最後に，質的変数のカテゴリーごとに基本統計量を求めた例（多変数・多カテゴリーになっている）で見ていく．図 4.6 に，自動車のイメージに関する 11 項目の評価を A〜H 商品について 5 段階評価（5 にいくほど評価が高い）してもらい，平均値と標準偏差を商品別に求めて，平均値を折れ線グラフ（アンケート調査ではスネークプロットともよばれる）にしたものを示す．商品別に基本統計量とグラフ（平均値）を求めることで，「どの商品が，どの項目で高い評価を得ているか」がわかるとともに，類似した評価（折れ線の挙動が類似している）がされている商品群や，異なる評価（折れ線の挙動が異なる）がされている商品群が抽出できるようになる．そして「各商品の評価の差が，真に（大多数のデータにおいても）あるのか」分析したい場合は，推測統計（4.4 節を参照）の「平均値の差の検定」や「分散比の検定」を行うとよい．

4.3.3 分割表・クロス集計表(質的変数と質的変数による関連性分析)

分割表とは,質的変数と質的変数の該当する質問の回答選択肢を組み合わせて集計した表のことである(表 4.5,表 4.6).アンケート調査では,クロス集計表とよばれる.表 4.5 に示すように,横(行)方向の項目を表頭,縦(列)方向の項目を表側とよび,横方向のカテゴリー数を m で,縦方向のカテゴリー数を n で表現して,$m \times n$ 分割表と細かく表現するものもある.

分割表を作成することで,単純集計では抽出できなかった特徴・傾向が見えてくる.例えば,表 4.5 の結果からは,単純集計で考えると,新デザインの評価は,全体の 63%(「どちらとも言えない」の回答者を母数から外して,比率を計算している)の人が「好き・やや好き」と評価しており,好意的な評価がされていると解釈できる.しかし,分割表で考察すると,男性には好意的な評価が得られているが,女性にはどちらかいうと非好意的な評価がされており,単純集計からは見えない重要な傾向がわかる.同様に,ある商品の新機能を評価してもらった表 4.6 の結果も,単純集計からは,「欲しい」から「要らない」までのカテゴリー数がほぼ同数で,新機能の是非は判断できないが,分割表か

表 4.5 新デザイン評価と性別によるクロス集計

	男性	女性	合計
好き	48 人	12 人	60 人
やや好き	55 人	14 人	69 人
どちらとも言えない	41 人	55 人	96 人
やや嫌い	8 人	43 人	51 人
嫌い	4 人	20 人	24 人
合計	156 人	144 人	300 人

表 4.6 新機能評価と年代によるクロス集計

	20 代	30 代	合計
欲しい	8 人	50 人	58 人
やや欲しい	10 人	50 人	60 人
どちらとも言えない	30 人	32 人	62 人
やや要らない	50 人	11 人	61 人
要らない	52 人	7 人	59 人
合計	150 人	150 人	300 人

らは,「30代にはとても望まれているものの,20代には不必要な機能だと評価されていること」がわかる.また,このような質的変数と質的変数による関連性について,得られたデータの背後にある大多数のデータにおいても,その関連性があるかを分析するには,カイ2乗統計量を求めたうえで,検定を行うとよい.この内容は推測統計になるため,4.4節で詳しく解説する.

以上,分割表は単純集計では抽出できない傾向を導出できるが,全ての質問項目について分割表を考えるとかなり膨大な量になる.そのため,調査設計の段階で,ターゲット顧客の価値観と意識の関係,意識と行動の関係,商品評価に影響する因果関係について,しっかりした仮説(キーとなる変数)を構築して,調査票に取り入れておくことが必要になる(第6章を参照).

4.3.4 相関分析(量的変数と量的変数による関連性分析)

(1) 相関分析とは

相関分析とは,2つの量的変数に対して,散布図というグラフ(図4.7,図4.8)を描き,そのグラフの形から,「2つの変数の間に,直線的な関係(線形関係)がないか」について,分析する方法である.散布図とは,縦軸と横軸に2つの量的変数をとり,各データについて縦軸の値と横軸の値の重なり合う部分に点(プロット)を打って,グラフに表現したものである.一般的に横軸をx軸,

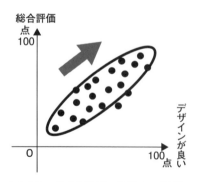

図4.7 総合評価とデザイン評価の散布図

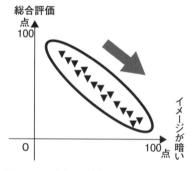

図4.8 総合評価とイメージが暗い評価の散布図

縦軸をy軸で表現することが多い．

(2) 相関分析の役割

図 4.7 に，ある商品のデザイン評価と総合評価(100 点満点評価)の散布図を示す．図 4.7 に示した点の集まりの形をおよその円で囲むと，右上がりの楕円の形をしていることがわかる．この形の傾向を読みとると，デザイン評価が高くなるに従って，総合評価も直線的に増加する関係になっている(逆も同じ)．つまり，「デザイン評価と総合評価の間には，直線的な増加関係がある」と読み取れる．同様に，デザインの「イメージが暗い」という評価と総合評価を散布図に表すと，右下がりの楕円の形の関係になる(図 4.8)．今度は，「イメージが暗い」という評価が高くなるに従って，総合評価が直線的に減少する関係になっている(逆も同じ)．よって，「「イメージが暗い」の評価と総合評価の間には，直線的な減少関係がある」と読み取れる．

このように，散布図の形を見て直線的な関係を発見することで，2 つの変数の間にプラスやマイナスの影響を与える関係性が分析できる．そして，この 2 つの量的変数の直線的な関係のことを「相関関係」とよび，また，相関関係についての分析を「相関分析」とよぶ．

(3) 相関関係の種類

相関関係には図 4.9 に示す，いくつかの種類があり，大きく分けて，以下の 3 つに分けられる．

 ①正(＋)の相関：一方の変数が増加すると，他方の変数も直線的に増加する関係
 ②負(−)の相関：一方の変数が増加すると，他方の変数が直線的に減少する関係
 ③無(0)の相関：一方の変数が増加，または減少しても，他方の変数が直線的に変化しない関係

さらに，より直線関係に近いと「強い相関」，遠いと「弱い相関」という 2

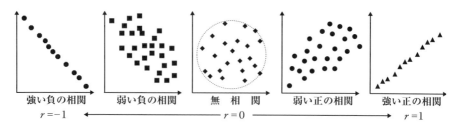

図4.9 相関関係の種類と相関係数の関係

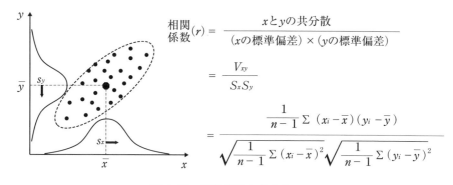

図4.10 相関係数の求め方

つに分けられる.相関関係の分類は,相関分析を統一的に行うのに役立つ.

(4) 相関関係を表す統計量(相関係数)

ただし,図のみで,相関関係の比較を詳細に,そして正確に行うことは難しい.そこで,ヒストグラムの代表的な部分を基本統計量に要約して活用したように,図で示した相関関係を「相関係数」という統計量に要約し,分析に活用する.

相関係数は,縦軸をy,横軸をxとすると,図4.10に示した式で求めることができる(記号ではrで表記される).この計算式について,「相関関係のどのような部分が,どのような統計量に表現されているか」解説していく.

まず,分子の$\sum(x_i-\bar{x})(y_i-\bar{y})$について,図4.11のように図解すると,

4.3 二変数の差・関連性を記述統計的に分析する手法

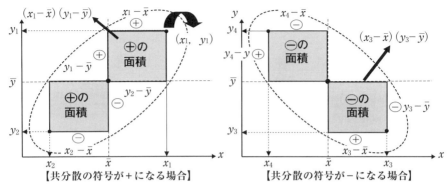

図 4.11　x と y の共分散の符号が表す情報

$(x_i - \bar{x})(y_i - \bar{y})$ は四角形の面積を意味し，$\bar{x}$ と $\bar{y}$ で十字に切ると，＋ の面積と － の面積のエリアに分かれる．この ＋ 量と － 量をもった面積を全てのデータについて求め，合計($\sum$)したものが，$\sum(x_i - \bar{x})(y_i - \bar{y})$ になる．よって $\sum(x_i - \bar{x})(y_i - \bar{y})$ が ＋ の値になるときは，＋ の面積が － の面積より大きいときであり，図の形で見ると，右上がりの直線上の関係になっているときである(－ の場合はその逆になる)．つまり，右上がりの直線上の関係とは，正の相関関係であり，共分散の±の符号は，相関関係の正負の関係と一致するのである(相関係数の分母は，標準偏差であるため，分母は常に ＋ だからである)．

次に「$\sum(x_i - \bar{x})(y_i - \bar{y})$ の数値の大小は何を表すのか」について考えてみる．図 4.12 に示すように，$\sum(x_i - \bar{x})(y_i - \bar{y})$ が ＋ で大きな値になるときは，＋ の面積が － の面積よりもかなり大きくなるときであり，図で見ると，より直線関係に近づく，強い相関関係のときといえる(－ の場合も同様)．よって，共分散の値の大小は，相関の「強弱」の関係と一致するのである．

最後に，この共分散を x と y の標準偏差で割る意味を解説していく．異なるデータ数同士を比較するため，共分散は $\sum(x_i - \bar{x})(y_i - \bar{y})$ を $n-1$ で割って，データ 1 個当たりの量に変換している．しかし，単位やばらつきが異なる場合は，このままでは比較ができない(理由は，4.3.2 項で解説)．そこで，共分散を，x と y の標準偏差で割ることで，単位やばらつきが異なる変数同士でも比

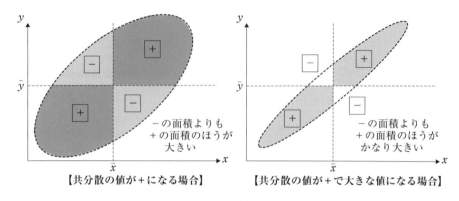

図 4.12　x と y の共分散の値の大小が表す情報

較ができるように,「標準化された尺度」に変換している．そのため, 相関係数は, $-1 \leqq r \leqq 1$ に収まる(シュワルツの不等式によって証明される)特徴をもち, 他の変数と比較しなくとも「±1 に近いかどうか」で相関の強弱が判断できるとても便利な尺度になる．相関係数は, $r = -1$ のときに最も強い負の相関(負の完全相関)を, $r = 1$ のときに最も強い正の相関(正の完全相関)を表す(図 4.9 を参照)．そして, $r = 0$ のときに相関関係がないこと(無相関)を表す．

(5) 相関分析結果の読み取り方

図 4.6 の自動車のイメージに関する 11 項目の評価について, 相関係数を求めたものを表 4.7 に示す．一般的に相関係数は, マトリックス表として出力されることが多く, 対角線を境に, 右斜め上か, 左斜め下のどちらかの相関係数を用いればよい(縦軸と横軸の変数が入れ替わっているだけで相関係数は同じ)．表 4.7 の結果からは, 相関係数の符号は全て ＋ であり, 全ての変数間で, 正の相関関係になっている．また, 強い相関関係にあるのが, 相関係数が 1 に近い「ライフスタイルに合う」と「ワクワクする」,「室内が広い」と「乗り心地が良い」,「ワクワクする」と「荷室が広い」,「好き」と「先進的」などの評価である．このように, 相関関係にある評価項目が理解できると, 商品開発の方

4.3 二変数の差・関連性を記述統計的に分析する手法

表 4.7 商品のイメージに関する評価の相関係数表

	ライフスタイルに合う	ワクワクする	豪華である	個性的である	室内が広い	荷室が広い	乗り心地が良い	若者向き	先進的	格好良い	好き
ライフスタイルに合う	0	0.927	0.241	0.331	0.728	0.752	0.163	0.368	0.159	0.417	0.824
ワクワクする	0.927	0	0.222	0.514	0.617	0.863	0.573	0.263	0.142	0.838	0.739
豪華である	0.241	0.222	0	0.221	0.733	0.447	0.602	0.281	0.456	0.318	0.133
個性的である	0.331	0.514	0.221	0	0.159	0.419	0.241	0.371	0.835	0.703	0.327
室内が広い	0.728	0.617	0.733	0.159	0	0.831	0.915	0.308	0.218	0.405	0.418
荷室が広い	0.752	0.863	0.447	0.419	0.831	0	0.274	0.552	0.189	0.327	0.245
乗り心地がよい	0.163	0.573	0.602	0.241	0.915	0.274	0	0.145	0.502	0.239	0.472
若者向き	0.368	0.263	0.281	0.371	0.308	0.552	0.145	0	0.518	0.620	0.204
先進的	0.159	0.142	0.456	0.835	0.218	0.189	0.502	0.518	0	0.791	0.842
格好良い	0.417	0.838	0.318	0.703	0.405	0.327	0.239	0.620	0.791	0	0.772
好き	0.824	0.739	0.133	0.327	0.418	0.245	0.472	0.204	0.842	0.772	0

向性を模索しやすくなる．

4.3.5 単回帰分析(量的変数と量的変数による因果分析)

(1) 相関分析と単回帰分析の違い

　相関分析でわかることは，二変数間の「強い」または「弱い」，直線的な増加または減少関係のみである．ある変数による，ある変数への影響度(どれくらいの変化量を与えるか)というような因果関係までは分析できない．そのため，図 4.13 に示すように，同じ相関係数になった場合，総合評価と「先進的」「格好良い」「豪華さ」評価の二変数間の関係は，異なる関係(図を見るとわか

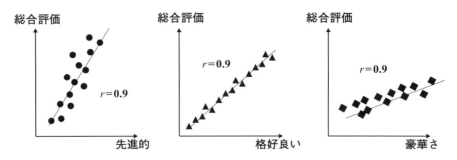

図 4.13 同じ相関係数での異なる関係と図による回帰分析

る)でありながら，同じ強い正の相関関係としか判断できない．このようなときに用いるのが回帰分析である．

　回帰分析とは，ある結果系と考えられる量的変数を，原因系と考えられる量的変数を用いて説明や予測を行う分析手法である．そのため，因果関係が分析できることから，要因分析や予測モデルとして用いられることが多い．

　結果系変数は，「目的変数」「従属変数」などとよばれ，記号では y で表現されることが多い．さらに，原因系変数は，「説明変数」「独立変数」などとよばれ，記号では x で表現されることが多い．また，説明変数が1つの回帰分析を単回帰分析，説明変数が2つ以上の回帰分析を重回帰分析とよぶ．まず本章で，単回帰分析を十分理解し，それから第5章の重回帰分析へ読み進めるとよい．

(2) 単回帰分析の考え方

　「単回帰分析がどのような分析であるか」について図で表現すると，**図4.13**のように，強い相関関係があるデータに対して，直線を当てはめる分析といえる．では「なぜ，強い相関関係のデータに対して，直線を当てはめると，因果関係を分析できるのか」を考えてみる．

　直線を当てはめるということは，その直線を用いて，正負の相関関係の強さを，説明(原因系)変数からの目的(結果系)変数への影響(変化量)度として，正確かつ詳細に測ろうとすることである．

　例えば，**図4.14**に示すように，x_1 軸にデザインの「先進的」についての評

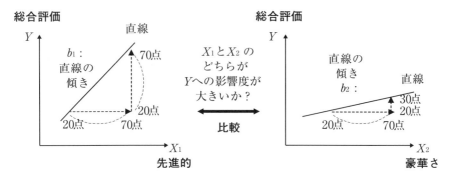

図 4.14 　直線が表す情報

価(100 点満点)，Y 軸に総合評価(100 点満点)で散布図を描き，この二変数間の強い相関関係を図のように直線で表現できたとする．同様に，デザインの「豪華さ」についての評価と総合評価で，この二変数間の強い相関関係を図のように直線で表現できたとする．ここで，各直線を「先進的」評価および「豪華さ」評価の変化量に対する総合評価の変化量として見ると，「先進的」評価が 20 点から 70 点に 50 点分変化すると，総合評価を 20 点から 70 点へ 50 点分増加させる変化を与えていることがわかる．また，「豪華さ」評価では，「先進的」評価と同じ，20 点から 70 点へ 50 点分変化しても，総合評価は 20 点から 30 点へと 10 点分しか増加しないことがわかる．この変化量から，「先進的」評価のほうが，「豪華さ」評価より総合評価への影響度が高いと判断できる．そして，この変化量は直線の傾きの大きさで見ることができるため，「直線の傾きが大きいほど，目的変数(Y 軸)への影響度が大きい」と判断できる．これが回帰分析の出発点となる考え方である．

ただし，ヒストグラムおよび散布図のときと同様に，図のみで，直線の比較を詳細かつ正確に行うことは難しい．そこで，直線の傾きを数値で表してみると，小学生のときから学習してきた「関数」が使え，式で表現すると「$y=a+bx$」となり，この b が直線の傾きを表す．このように，回帰分析は，通常関数式を活用して分析するため，この $y=a+bx$ は，「回帰分析に用いる

式」という意味から「回帰方程式」「回帰直線」とよばれる．そして，直線の傾き b は，「回帰方程式における変数の影響度を表す重み」という意味から「偏回帰係数(略して回帰係数)」とよばれる．

(3) 単回帰分析モデル式

「単回帰分析で活用するモデル式($y=a+bx$)を，どのような考え方で求めていくか」について解説していく．このモデル式は図 4.14 に示したような分析に活用するため，この式の傾きが元情報を適切に表現できていなければならない．そこで，「図 4.15 に示した直線($y=a+bx$)が，どれだけ元情報を表せているか」について考えてみる．

今 x_2 という点に対する y の値は y_2 である．この x_2 の値を，$y=a+bx$ の x に代入すると，この式によって y の値を求めることができる．この値を「推定値や予測値」とよび，記号では，「$\hat{y}_2$(ワイハットと読む)」と表記される．ここで，「$y=a+bx$ によってどれだけ元情報が表されているか」を考えると，$y_2-\hat{y}_2=e_2$ 分だけ，元情報を説明できていないことがわかる．これを残差(残った差という意味)とよび，e や ε で表す．全ての点について，この残差 e_i を求め，合計した値 $\sum e_i$ が，$y=a+bx$ では元の情報を説明できない残りの量になる．よって，$\sum e_i$ が最小になるときの $y=a+bx$ が，元情報を最大に表すモデル式(直線)になる．ただし残差は，回帰直線を境にして上下で±が混在するため，

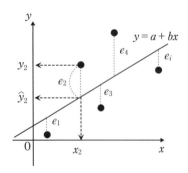

図 4.15　回帰モデル式の考え方

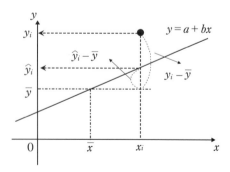

図 4.16　寄与率の考え方

単純に合計すると，本来の残差量を求めることができない．そこで，残差を2乗してから合計を求め，この$\sum e_i^2$が最小になるように，$y=a+bx$(具体的にはaとb)を求めていく．この解法を「最小二乗法」とよぶ．

元のデータx_iを$y=a+bx$に代入すると，このモデル式では説明できない残差e_iができることから，モデル式は以下のように表すことができる．

$$y_i = a + bx_i + e_i \quad \rightarrow \quad e_i = y_i - (a + bx_i)$$

よって，この残差の2乗の合計である，$\sum e_i^2 = \sum [y_i - (a + bx_i)]^2$が最小になるように，求めたい係数$a$と$b$を偏微分して求められた正規方程式から，最適解を求めていく．具体的には以下の式でaとbを求めることができる．

$$b = \frac{x \text{と} y \text{の積和}}{x \text{の平方和}} = \frac{\sum(x_i - \bar{x})(y_i - \bar{y})}{\sum(x_i - \bar{x})^2}$$

$$a = y \text{の平均値} - x \text{の平均値} \times b = \frac{1}{n}\sum y_i - \frac{1}{n}\sum x_i \times b$$

(4) 単回帰分析結果の読み取り方
①モデルの適合度

元情報ができるだけ多く表されるように，最小二乗法で$y=a+bx$を求めたが，求まった単回帰分析モデル式が「どの程度元情報を表すことができているのか」について数値で評価し，「このモデル式を分析に用いることができるのか」について判断する必要がある．このモデル式(直線)と元情報との適合度を表した統計量として寄与率(yがxを決定する強弱の度合いとして「決定係数」ともよばれる)があり，記号ではR^2で表され，以下の式で求めることができる．

$$R^2 = \frac{\text{回帰変動}}{\text{全変動}} = \frac{\sum(\hat{y_i} - \bar{y})^2}{\sum(y_i - \bar{y})^2}$$

寄与率の計算式を，図4.16のように図解すると，元データy_iの情報量を全変動(「実測値y_iが平均値$\bar{y}$からどの程度離れているか」の量$(y_i - \bar{y})^2$)に，モデル式によって求まる$\hat{y_i}$の情報量を回帰変動(「予測値$\hat{y_i}$が平均値$\bar{y}$からどの程度離れているか」の量$(\hat{y_i} - \bar{y})^2$)に表現して，回帰変動と全変動の比で適合度を測ろうとしていることがわかる．つまり，元データに対してモデルが100％適

合しているとは，$\hat{y_i} = y_i$ であり，それは $(\hat{y_i} - \overline{y}) = (y_i - \overline{y})$ でもある．よって，$\dfrac{(\hat{y_1} - \overline{y})}{(y_1 - \overline{y})} = 1$ のとき，「元データに対してモデルが 100% 適合している」と判断できる．そして，$\dfrac{(\hat{y_1} - \overline{y})}{(y_1 - \overline{y})}$ の値を全ての各データについて求めたものが，寄与率 R^2 である．

　寄与率は，$0 \leq R^2 \leq 1$ の規準化尺度であり，「元データに対してモデル式がどの程度当てはまっているか」を表す尺度であることから，寄与率が 0.7〜0.8 程度以上のモデル式だと，適合していると考えることが多い（ただし，「寄与率が何割以上あればよいか」は，一概にはいえない）．なお，寄与率は相関係数の 2 乗に一致するという特性ももっている．

②モデル式の活用

　寄与率が 0.7〜0.8 以上のモデル式だと，「適合度がよい」と判断して，次にこのモデル式の回帰係数（b）を用いて，目的変数への影響度を分析していく．「目的変数に影響する」と仮説を立てた説明変数の各回帰係数を比較して，± を除いた絶対値で数値の高い順に，目的変数に影響する要因と解釈していく．なお，より詳細な分析のやり方については，5.2 節の「重回帰分析」で解説していく．

4.4　二変数の差を推測統計的に分析する手法

4.4.1　統計的検定の概論

　4.3.2 項で，デザイン面について，「先進的」の評価と「若者向き」の評価を平均値で比較し，「先進的」の評価のほうが 4 点高い「差」が存在した．「約 300 人の回答者の平均に 4 点の差がある」という特徴が導出されたが，本来知りたいと考えていた 500 人や 1000 人などという母集団の世界でも，この差が生ずるのか，データを大多数に拡張した分析を行いたくなる（図 4.17）．このような場合に用いるのが，統計的検定・推定という手法である．

　3.3.3 項では，一部のデータである標本から得られた結果（統計量）を用いて，

4.4 二変数の差を推測統計的に分析する手法　　　123

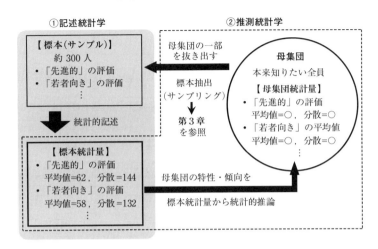

図 4.17　記述統計学と推測統計学の関係

全てのデータである母集団の特性を推論するしくみとして，標本抽出という部分を解説したが，ここでは統計的検定の全体概要を解説する．

図 4.18 に，統計的検定のしくみを表したイメージを示す．最も大切なことは，「なぜ標本から母集団を推測できるのか」は，1 個 1 個の母集団のデータを推測しているのではなく，母集団の統計量を推測しているところに秘訣がある．記述統計のところで何度も解説してきたように，統計量(平均値，分散，相関係数，回帰係数など)は，データの全体像を把握するために必要な代表値であり，この統計量を用いることで，全てのデータを見るよりも，データの特性や傾向を，客観的かつ統一的に読み取ることができた．このため，母集団でも統計量がわかることで，母集団の特性や傾向が読み取れるようになる．

では，どのようにして母集団の統計量を推測するのか．そのしくみの概要を解説する．まず，母集団での分布を標本の分布と区別するために，確率分布とよぶ(図 4.18)．確率分布は，「データがどのような頻度で発生するか」のメカニズム(ルール)を備えた分布(詳しい説明は 4.4.2 項を参照)で，理論的に表す(計算によって求める)ことのできる分布である．われわれが得られたデータは，

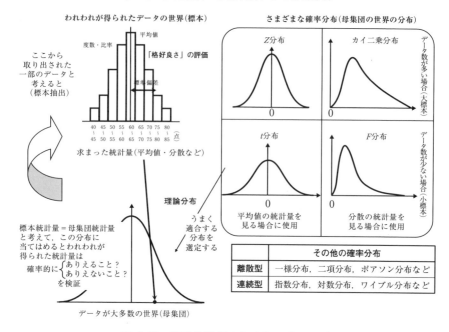

図 4.18 統計的検定のしくみのイメージ

　この確率分布のメカニズムに従って発生したデータの一部と考えると，この母集団から標本抽出法によって，適切に取り出したデータで求めた標本の統計量は，必ず母集団の特性や傾向を何らかの形で受け継ぐはずである．

　そこで，「標本から得られた統計量と母集団の統計量は同じである」と考えて，この仮説を理論分布（「標本の統計量 ＝ 母集団の統計量」を検証するために使用する分布）に当てはめた場合，この仮説は，確率的にあり得ることなのか（たまたま偶然に起こり得ること．つまり，普通に起きること），確率的にあり得ないことなのか（たまたま偶然には起こり得ないこと．つまり，極めて珍しいこと）を検証して，「仮説が正しいか，正しくないか」を判定していくのが，統計的検定のしくみである．そして，「標本の統計量 ＝ 母集団の統計量」と考える下支え（根拠となる定理）には，確率分布の特性が使われている．また，「どの統計量（平均値や分散など）を検定するのか」では図 4.18 に示すようにさま

ざまな確率分布が考えられており,「どのように検証していくのか」には確率論の考え方が使われている.そのため,統計的検定を理解するためには,要所となるこれらの知識を適切に理解する必要がある.

そのため,本来の目的である「統計的検定・推定の実践的な活用」を行うためには,母集団分布の特徴を知ることや,さまざまな確率分布の種類とその使い方,確率の意味から始まり,さまざまな確率計算の仕方,いろいろな確率分布表の用い方という確率論などについて,基礎とは思えないほどの複雑で多くの基礎知識が必要になる.これらの内容を全て網羅すると,何冊もの書籍が必要になり,また,それらを読み進めていっても,なかなか統計的検定・推定の使い方には辿り着かない.そのため,「何のために,さまざまな確率分布の特性を学んでいるのか」「なぜ確率計算の例題問題を多く解いているのか」と,学ぶ意味がわからなくなり,学ぶことを断念してしまう方が多い.記述統計学までは理解できるのに,推測統計学になると一気に理解に苦しむのは,推測統計学の下支えとなる知識や理論が複雑で多いからである.

そこで次項では,統計的検定を理解するための基礎知識の要所(押さえておきたい観光スポット)を最短で周り,統計的検定の実践的活用(旅の目的)を実

表4.8 統計的検定を理解するための基礎知識習得ロードマップ表

項目と流れ	内　容
①母集団の世界の分布の表し方	確率分布,確率密度,確率変数
②母集団の世界の基本統計量	母平均,母分散,母標準偏差,母数
③母集団分布の特徴と重要な分布	中心極限定理,標本平均の分布,正規分布の特徴
④未来のことを判断するものさし	肌で感じる確率の数値,確率的な判断事項
⑤統計的検定の出発点となる考え方	標本値と母集団値の比較の仕方,有意水準
⑥2つの母平均の差の分布	正規分布の特徴,標本平均の分布の応用,判定基準
⑦統計的検定の方式	仮説の立て方,専門用語,検定の手順

感してもらうことを狙いとして，統計的検定を理解するための基礎知識習得ロードマップを表4.8に示し，このロードマップに従って解説していく．そのため，統計的検定の実践的活用を実感したのち，その他の確率・統計の内容を，時間をかけて専門書で学び，いろいろと補完してほしい．

4.4.2 統計的検定を理解するための基礎知識

(1) 母集団の世界の分布の表し方

標本と同様に，母集団にも，質的変数および量的変数のデータがあり，母集団では，質的変数を「離散型変数」，量的変数を「連続型変数」とよぶ．まずは離散型変数の分布がどのように表されるか見ていく．

とてもわかりやすい例として，1個のサイコロを投げて，出た目の数を集計していくことを，大多数回行った場合について考えてみる．図4.19に示すように，1000万回程度投げると，その集計度数はかなりの桁数になる．そのため，度数(縦軸)を見て，「1666666と1666667」の違いを比較しても，あまり意味をもたなくなる．つまり，データ数の大きい世界では，大きな変化量で捉えないと，その特徴や傾向が読み取れないのである．そこで，各度数を全度数で割り，相対比率に変換してグラフを書き直すと(図4.20)，縦軸は，「どのような頻度で度数が発生するか」という，「確率(1の目が1/6の割合で出るなど)」として捉えることもでき，特徴や傾向が読み取りやすくなる．またこの確率を

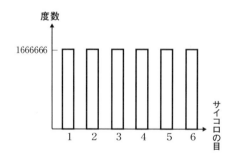

図4.19 サイコロ投げのヒストグラム

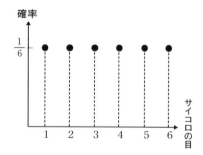

図4.20 サイコロ投げの確率分布

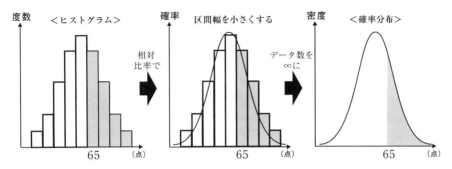

図 4.21 連続型の確率分布とヒストグラムの関係

見ることで，各目は 1/6 の割合で度数が出るという「データ発生のメカニズム（設計図のようなイメージ）」も知ることができるようになる．

同様に，連続型変数の分布についても，縦軸を相対比率で表すと，ヒストグラムは図 4.21 のようになる．そしてデータ数が大多数になると，区間に入る数が多くなるので，区間の幅を限りなく小さくすることができ，ヒストグラムの各縦棒の頂点を結ぶ折れ線グラフは，図 4.21 に示すように，滑らかな曲線になる．このことで，回帰直線を関数 ($y=a+bx$) で表現できたように，この分布曲線も関数 $f(x)$ として表すことができるようになる．さらにヒストグラムで表されていた区間の度数は，図のアミ部分に示すある範囲の面積として表され，関数 $f(x)$ を積分 ($\int_a^b f(x)dx$) することで，計算によって求めることができるようになる（確率密度が求まるので，略して「確率が求まる」と表現される）．さらに，分布全体を 0 から 1 の確率現象として捉えることもできるようになる．

以上のように，母集団の分布は，度数ではなく相対比率で見ることで，その相対比率は確率表現にもなり，確率的な見方やその特性を用いるため，「確率分布（確率法則によって発生する分布）」とよんでいる．そのため，変数も，確率分布で表現されることから「確率変数（確率的に発生する確率の対象を表す変数）」とよび，連続型変数の分布を表す関数は「確率密度関数」とよばれる．

(2) 母集団の世界の基本統計量

母集団の世界でも，グラフ(分布)だけでなく，グラフを統計量に変換して，正確かつ詳細に分析を行う必要がある．そこで標本の統計量と区別するため，母集団の統計量を表4.9に示した名称と記号を用いて表現する．なお，母集団は元となる世界を表すので，統計量とはよばず，母数(パラメータ)とよばれる(ここまでは，イメージが掴めるように，「母集団の統計量」とあえて表記してきたが，これ以降は正式名称の「母数」と表記する)．

本来ならここで，「どのように母数を求めるか」という母平均や母分散などの計算方法(式)の解説に入るが，通常母集団のデータは得られていないので，「得られていないデータを計算する」と考えてしまうと頭が混乱する．そこで，ここでは母数という存在の定義ができているので，計算がわからなくとも母集団の分布の特徴を学ぶことはできる．また，先に母集団の分布の特徴を理解すると，「母集団分布の特徴をよりよく活用するためには母数のどのような計算方法を理解するとよいか」がわかるようになり，母数の計算方法という本来は考えたくない，頭が混乱する時間と苦労を必要最小限にできる．

(3) 母集団分布の特徴と重要な分布(標本平均の分布と正規分布)

母集団の世界における分布の表し方および母数の定義を学んできたのは，「本来知りたいと考えていた母集団の世界でも，標本で得られた統計量が，ほぼ同じとして使用できるのかどうか」について考えるための基礎知識を得るためである．そのため，母集団分布の特徴を学ぶ場合も標本の統計量と母数の関係性について見ていく．

最も有名で基本的な母集団分布の特徴は，「標本数が母集団数に近づくと，

表4.9 標本の統計量と母集団の母数の関係

		平均値	分 散	標準偏差
標 本	統計量	標本平均：$\bar{x}$	標本分散：V	標本標準偏差：s
母集団	母 数	期待値・母平均：$E(x)\cdot\mu$	母分散：σ^2	母標準偏差：σ

標本平均と母平均も同じに近づく」という「大数の法則」である.「標本数が10人のデータで求めた標本平均よりも,100人,1000人などと母集団数に近いデータ数で求めた標本平均のほうが母平均に近い」というのは,直感的にも理解できる法則である(母数の計算知識があると数学的にも証明ができる).

この法則を用いると,「標本数 ≒ 母集団数のとき,標本平均 ≒ 母平均になる」という1つの関係性が見出せるので,われわれの目的である「標本の統計量の結果を母集団の母数にも対応させたい」に活用できる一筋の手がかりになる.しかし,標本数 ≒ 母集団数となるのは,母集団に近いデータが集まっているときであり,わざわざ母集団を推測する必要性はあまりない.そこで,大数の法則を精密に見た「中心極限定理」を取り上げる.

中心極限定理とは,「母平均 μ,母標準偏差 σ をもつあらゆる形をした確率分布から,無作為抽出された n 個の標本で求めた標本平均 $\bar{x}$ を同様のやり方で繰り返して求めた場合,標本平均の分布は繰り返し数を多くしていくと,平均 μ,標準偏差 $\sigma/\sqrt{n}$ の正規分布に近づく」という定理である.定理のままではよくわからないので,これを図解したものが**図 4.22** となる.さらに,この定理の役立つポイントをまとめると,以下のとおりになる.

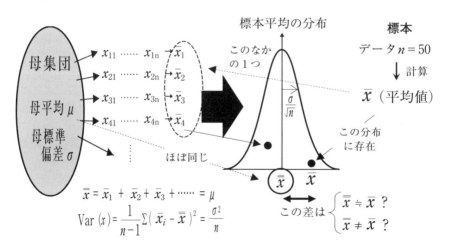

図 4.22 中心極限定理のイメージと活用

① 繰り返し数が多い場合，「標本平均の平均 ≒ 母平均」「標本平均の標準偏差 ≒ 母標準偏差／$\sqrt{n}$」の関係になる．

② われわれの考えたい平均という統計量も 1 つの確率変数と捉えたうえで，「標本平均が多く求められると，どのような変動をするのか」について分布で示してくれている．

③ 元の確率分布の形が正規分布でない分布から求められた標本平均でも，その標本平均を集めた分布は正規分布になる．

大数の法則にも近い「標本平均の平均 $\bar{x}$ ≒ 母平均 μ」という関係性について，われわれが得られた 50 人のデータで求めた標本平均 $\bar{x}$ も，この母集団から無作為に抽出された繰り返しのどこかの 1 回であると考える．そうなると，われわれが求めた標本平均も，この標本平均の分布のどこかに表れるデータであると考えることができる（図 4.22）．つまり，われわれが得られた標本平均 $\bar{x}$ と標本平均の平均 $\bar{x}$ がほぼ同じと考えることができる．すると，「われわれが得られた標本平均 $\bar{x}$ ≒ 標本平均の平均 $\bar{x}$ ≒ 母平均 μ」となり，母平均との関係までをつなぐことができる．さらに，この関係性について標本平均の平均のばらつき量も加えて，分布という形でも捉えられるため（平均とばらつきがわかると，分布のなかでの位置がわかる），われわれが得られた標本平均の位置と標本平均の平均の位置を比較することで，「われわれが得られた標本平均 $\bar{x}$ ≒ 標本平均の平均 $\bar{x}$」の関係性を定量的に分析することもできる．

そして，母集団も標本と同様に，図 4.18 に示すさまざまな分布の形が存在するが，どのような形の分布であっても，そこから得られる標本平均の分布は正規分布になる．このことから，分析したいほとんどの対象について，このことを活用させることができるといえる．また，標本のときにも考察したが，正規分布型では，最頻値，平均値，中央値がちょうど中心になり，これを境に左右対称の分布になるため，いろいろなことを考察するのに適していた．このような分析に適した分布を用いることができる利点や価値は大きい．

そこで，分析に使用する正規分布の主要な特徴を図 4.23 に示す．正規分布は，図 4.23 ① に示した確率密度関数で表される．この関数の式について母平

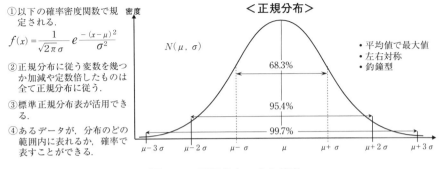

図 4.23 正規分布の主な特徴

均 μ と母分散 σ^2 がわかると分布が規定(描ける)できる(母平均と母分散から確率密度が計算できるから).つまり,母数を見れば分布の全体概要が読み取れる.このことから,母平均や母分散などは母数(分布を規定する値)とよばれ,記号で分布を表す場合は,母数のみを表記した $N(\mu, \sigma)$ で表す.

次に図4.23の②の特徴から正規分布に従うデータを平行移動したり,変数変換しても,正規分布になる.そのため,変数を標準化して,ばらつきの異なるもの同士も容易に分析できるようになる.そして,正規分布を標準化した分布は,標準正規分布(z 分布)とよばれ,平均 0,標準偏差 1 の分布に従う(図4.24).この標準正規分布上の全ての点における確率を求めた「③標準正規分布表」は,多くの統計学書に付録されており,確率密度関数で計算しなくとも,数表を読み取ることで確率を導出できる.そのため,$\bar{x}$ を Z 分布上に変換した点 $Z_0\left(\dfrac{(\bar{x}-\bar{x})}{\sigma/\sqrt{n}}\right)$ を求めておくと,Z_0 値から確率を求めることで Z 分布上での Z_0 の位置を特定することができる.さらに,④の特徴を用いることで図4.22で示した「$\bar{x} \fallingdotseq \bar{x}$」について,図4.24に示す確率のものさしで比較できるようになる(4.3.2項で,平均値からある点までの近さを標準偏差何個分の長さで見るかで測ったように).あとは,「この確率のものさしを,どのように有効活用するか」が問題になる.

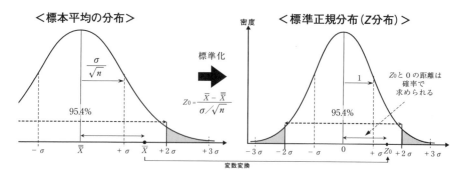

図 4.24 正規分布における距離の考え方と標準正規分布への変数変換（標準化）

(4) 未来のことを判断するものさし（確率的にありえること，ありえないこと）

　人は，日常生活において，どのようなことが起きると，「ありえないことが起こった」と判断するだろうか．今相手と 2 人でジャンケンを行い，2 回連続で負けたとする．2 回連続なら，偶然や運が悪いなどと考えて，不思議なことだと捉えない人が多いと思う．この結果を確率で表してみると，$1/3 \times 1/3 = 0.111\cdots$ となる．つまり，約 11.1% しか起こらないようなことでも，不思議には感じないということである．ところが，3 回連続で負けた場合はどうだろうか．「何かおかしい」「偶然とは思えない」と感じ始めるのではないか．そして，4 回連続で負けた場合には「偶然とは思えないことが起きている」と判断するだろう．3 回連続で負ける確率は約 3.7%，4 回連続で負ける確率は約 1.2% なので，確率の値が一桁の前半になると，肌で感じる「ありえないことが起こっている」レベルといえそうである．このような確率は 0 ではないので偶然に起きないとは言い切れないが，「偶然とは考えられない」という判断基準として活用することができる．

(5) 統計的検定の出発点となる考え方

　この感覚にもわかる確率の値も頭に入れながら，図 4.22 の「$\bar{x} \fallingdotseq \bar{\bar{x}}(\fallingdotseq \mu)$」の関係性を考える．$\bar{x} \fallingdotseq \bar{\bar{x}}$ とみなすことを考えたいが，われわれは 1 回の無作為抽出によって得られたデータしかないので，当然 $\bar{x}$ と $\bar{\bar{x}}$ の値はズレる．そのた

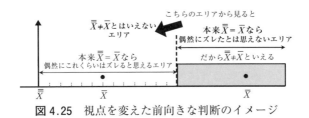

図 4.25 視点を変えた前向きな判断のイメージ

め,「$\bar{x} \fallingdotseq \bar{\bar{x}}$」を真正面から検証することは,ほぼ不可能に近い.そこで視点を変えて,「「$\bar{x} \fallingdotseq \bar{\bar{x}}$」をどのように検証するか」の出発点を考える(図 4.25).

$\bar{x}$の数が増えると$\bar{x}$と$\bar{\bar{x}}$は近づく(これが本来の姿)のだから,たった1回の抽出で求めた$\bar{x}$が多少ズレるのは当然起こり得る出来事だと考えられる.つまり,本来は「$\bar{x} \fallingdotseq \bar{\bar{x}}$」だけれども,たった1回の抽出では,偶然のばらつきが加わって,多少ズレることもあるだろう(偶然にあり得るズレ)と考えられる(本来はジャンケンが強い人でも,たった2回のジャンケンなら,2回連続で負けることは普通にあり得る).つまり,本来なら,$\bar{x}(10) = \bar{\bar{x}}(10)$となる関係のデータでも,たった1回の抽出で求めた結果には,$\bar{x}(14) \Leftrightarrow \bar{\bar{x}}(10)$という差(ズレ)が表れても不思議ではないので,差(ズレ)があるだけで,「本来の関係も$\bar{x} \neq \bar{\bar{x}}$」と判断するのは十分ではないといえる.

以上のことを逆に考えてみると,ここまでズレると,偶然にズレたとは思えない(つまり,「$\bar{x} \neq \bar{\bar{x}}$」だからこそ起きた本質的な違いのズレがある)範囲(ジャンケンの例だと4回連続で負けること)も存在してくる.偶然にズレたとは思えない範囲に$\bar{x}$があれば,「$\bar{x} \neq \bar{\bar{x}}$」と判断するのは自然である.では,「偶然にズレたとは思えない」を視点の主にして,偶然にズレたとは思えない範囲に$\bar{x}$がないと,どのように判断するだろうか.正しく表現するなら,「$\bar{x} \neq \bar{\bar{x}}$とはいえない」になる.否定の否定を使った「同じでないとはいえない」という回りくどい言い方になるが,裏を返すと「(本質的な差があるとはいえないから)ほぼ同じ」と解釈することもできる.「同じでないとはいえない」だけで「ほぼ同じ」と捉えるのは,かなり前向きな解釈であるが,この考え方を用いれば,不可能だと思われていた「$\bar{x} \fallingdotseq \bar{\bar{x}}$」の検証にトライできる.また,前向

きな解釈をしたことによるリスク(同じでないとはいえないだけで，ほぼ同じと判断したことによる間違いの発生率)を，きちんと定量的にコントロール(有意水準という道具を用いる)したうえで，このような前向きな解釈を行えば，その解釈も有効に機能することは多いと考えられる．

そこで，本来は「$\bar{x} \fallingdotseq \bar{\bar{x}}$」であるとき，偶然にズレたとは思えない範囲を標本平均の分布に当てはめて(図4.26)，どこからが「偶然にズレたとは思えない」妥当な基準点になるか，考えてみる．

極めて珍しいデータが出てくる範囲であるから，確率的には数値が低いといえる．それを視覚的にもわかるように正規分布の特性から考えると，$\pm 2\sigma$ を超えるエリアにデータが発生する確率は5%未満である．ジャンケンの例でも示したので，5%という確率が直感的にもまれな($\bar{x} \fallingdotseq \bar{\bar{x}}$と考えた場合，通常偶然には出合わない)データであることが理解できる．統計学では，この5%を有意水準(意味の有る差がある水準)とよび，極めて珍しいことが起こったと判断する基準に使用している(記号ではp(probability)値と表現する)．ただし，この5%は，統計学で用いられている1つの目安であり，何か根拠があるわけではない(「区切りがよい約$\pm 2\sigma$以下を表す」や「Ronald Aylmer Fisherが最

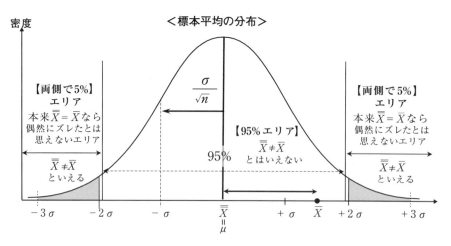

図4.26　標本平均分布での統計的検定の判断基準

初に用いた」などのさまざまな説がある)．そのため，分析者がこの目安を1つの手がかりとして，意思決定に有効活用すればよい．

(6) 2つの母平均の差の分布

これで，標本の統計量と母数の関係性について，ある条件の下，確率的にある一定の判断ができるようになった．ただし，われわれが行いたい標本の統計量と母数の関係については，「標本上で生じたAの統計量（平均値など）とBの統計量の差が，母集団上でも差として表れるのか」，つまり，「$\bar{x}_A$と$\bar{x}_B$の差が，μ_Aとμ_Bの差として表れるのか」を分析したいのである．そこで，標本平均の分布を以下のように応用することを考える．

図4.23の正規分布の②の特徴に「変数を加減したものも正規分布に従う」がある．この特性を活用すると，母集団Aのデータから母集団Bのデータを引いて作成した分布を母集団Cにしたとき，母集団Cの分布は正規分布になる．同様に中心極限定理も成り立つので，標本平均の分布で「$\bar{x}_C \fallingdotseq \mu_C$」は「$(\bar{x}_A - \bar{x}_B) \fallingdotseq (\mu_A - \mu_B)$」になるとみることもできる．つまり，$\mu_A$と$\mu_B$に差があることを検定するためには，「$\bar{x}_A - \bar{x}_B$を用いて，$\mu_A \neq \mu_B$が判断できればよい」，つまり，「母集団$C$について，$\mu_C \neq 0$と判断できればよい」ということになる．

この判断基準を付け加えたのが図4.27である．$\bar{x}_A - \bar{x}_B$から$\bar{x}_C$を求め，本来

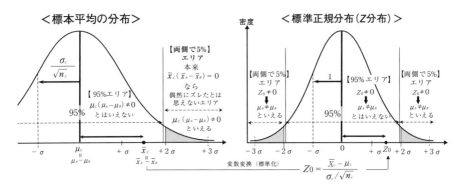

図4.27 2つの母平均の差の検定の判断基準

「$\mu_C=0$」のとき,「われわれが求めた$\bar{x}_C$(この値を,検定に用いる値という意味で検定統計量とよぶ)は,$\mu_C(=0)$から見て,極めて珍しいデータが出てくるエリアである「有意水準5%」以下になっているかどうか」について判断する.標本平均の分布から確率を求めるのは大変なので,$\bar{x}_C$をz分布に変換(標準化)してz_0を求め,z分布表からz_0点の確率を求め,その確率が「$p(z_0)$値 < 0.05」なら「$z_0 \neq 0 \rightarrow \mu_A \neq \mu_B$」となるので,母集団$A$の母平均および母集団$B$の母平均に差がある(標本上で生じた変数$A$の平均および変数$B$の平均の差は,母集団上の確率変数$A$の母平均および確率変数$B$の母平均の差にも表れる)と判断すればよい.逆に,その確率が「$p(z_0)$値 > 0.05」なら「$z_0=0 \rightarrow \mu_A=\mu_B$」なので,「2つの母平均に差がない」と判断すればよい.

(7) 統計的検定の定式

以上のことを総括したうえで,統計的検定を使いやすいように,統計的検定の定式を以下の①〜③で解説する.ただし,以下の定式には,普段使わない専門用語が使われているため,解釈の面でわかりにくい面もある.そのため,専門用語と一般的な統計的検定の定式も解説している.

①統計的検定の仮説の立て方

分析目的を明らかにするために,自らが判断したいことを,仮説として明文化する.このとき,統計的検定では,「帰無仮説」と「対立仮説」という2つの仮説を立てる(作成する).帰無仮説は,無に帰する仮説という意味のとおり,自分の主張したい仮説を否定しているために,なくなってほしいと考える仮説である.前述の例でいうと,母平均Aと母平均Bには差があってほしいので「母平均$A=$母平均B」という仮説がなくなるとよい.つまり,帰無仮説は「母平均Aと母平均Bは同じである」と立てればよい.帰無仮説がなくなった後に必要な仮説として対立仮説を立てる.対立仮説は,帰無仮説を否定したもので,自身が主張したい仮説となる.前述の例では,「母平均Aと母平均Bは同じでない」が対立仮説になる.

このように相反する2つの仮説を立てたうえで「帰無仮説をなくせば対立仮

説を使用するが，帰無仮説をなくさないのなら帰無仮説を使用する」という二者択一を行っていく．このような意味をもつ2つの仮説を立てることで「(5)統計的検定の出発点となる考え方」で解説した「偶然にズレたとは思えない」という視点(つまり，これが対立仮説になる)が理解しやすくなる．

②統計的検定の専門用語

立てた仮説は，通常以下のように記号で表記する(通常括弧書きはない)．

H_0(帰無仮説)：$\mu_A = \mu_B$　(母平均Aと母平均Bは同じである)

H_1(対立仮説)：$\mu_A \neq \mu_B$　(母平均Aと母平均Bは同じでない)

この仮説をなくすことを「棄却する」，なくさないことを「棄却しない」と表現し，仮説を使用することを「採択する」，使用しないことを「採択しない」と表現する．よって，帰無仮説を棄却すると対立仮説を採択し，帰無仮説を棄却しないと対立仮説を採択しないことになる．なお，記号のHはHypothesis(仮説)の頭文字を意味する．

次に，仮説を棄却する基準の有意水準は棄却域とよばれ，通常5%を使用する．より水準を厳しくして見る場合は1%を用いる．もし，5%で仮説が棄却された場合，「5%有意」とよび，記号では「＊」で表す．また，仮説が棄却されなかった場合は，「有意ではない」とよび，記号では何も印をつけない(1%で棄却された場合は1%有意で「＊＊」で表す)．この有意水準5%は，別の見方をすると，100回中5回は判断を誤る(帰無仮説が正しいのに，対立仮説を採択する)率も表している．このような間違いが含まれることを分析者は理解しなければならない．このような意味で，有意水準は「危険率」とよばれる場合もある．前述したように，統計的検定では，前向きな解釈をすることによるリスク管理をこの有意水準で行っているのである．

③一般的な統計的検定の手順

一般的な統計的検定の定式を表4.10に示す．

表4.10 一般的な統計的検定の定式

手順1	帰無仮説と対立仮説を立てる.
手順2	標本データから,帰無仮説を検定する検定統計量を求める.
手順3	検定統計量を理論分布($z \cdot t \cdot F$ 分布など)に変換して,理論値($z \cdot t \cdot F$ 値など)を求め,さらに理論値の p 値も求める.
手順4	求まった p 値を以下のように判断して,帰無仮説を判定する. ・p 値 < 0.05 なら,5% 有意で,帰無仮説を棄却する. ・p 値 < 0.01 なら,1% 有意で,帰無仮説を強く棄却する. ・p 値 ≥ 0.05 なら,有意ではなく,帰無仮説を棄却しない.

4.4.3 統計的検定の活用の幅を広げるさまざまな分布と検定の種類

(1) z 検定の課題

4.4.2項で解説した方法を用いることで,標本平均を用いて,母平均が推測できるようになる.しかし,よくよく考えると,その推定(計算)方法は,標本平均以外に,「母標準偏差」を「標本データ(母集団から抜き取る)数のルート」で割ったものを用いている.母平均がわからないために母平均を推定しているのに,母平均がわからないと導出できない母標準偏差が既知であることは現実的ではない.また,母標準偏差を $\sqrt{n}$ で割るということは,n を相当数の大標本空間(例えば $n \geq 1000$ など)を想定していることになる(例えば,データ数が484でも,$\sqrt{484}$ をとると22になることから,大多数のデータでないと,推定に大きな誤差が伴うことが計算式から推論できる).つまり,現実的に考えられるビジネスで活用されている調査(もちろん商品開発の調査も含まれる)で,統計的検定に z 検定をそのまま使用することには問題があるため,z 検定を応用した新たな検定手法が必要になる.

(2) 小標本空間での統計的検定の考え方(χ^2 分布と不偏分散の活用)

そこで考えられるのが,標本平均から母平均を推定したように,「標本分散

4.4 二変数の差を推測統計的に分析する手法

から母分散を推定し，標本分散を母分散として代用できないか」である．ただし，小標本空間（例えば，$n \geqq 30$ など）では，データ数が1つ，2つと変化するだけで，標本分散と母分散の関係は大きく異なる．この関係に注目して，データ数（厳密にはデータ数から1を引いた自由度）の変化ごとに，標本分散と母分散の関係（どれだけ違いがあるか）を表せるカイ二乗分布を活用して，標本分散から母分散を推定できることが証明されている．また，カイ二乗分布を応用して，母分散に標本分散を代用した「t 分布」による母平均の検定（t 検定）方法が開発されている．

まず，カイ二乗（χ^2）分布とは「平均が0，標準偏差が1の正規分布に従う変数について，この変数の二乗を，いくつか足し合わせた分布が，どのような分布に従うか」を表した分布である．そのため，「いくつ足し合わせるか」によって，分布の形が異なり，この「いくつ足し合わせるか」の数を「自由度（記号では ϕ と表記する）」とよんでいる（$\phi = \infty$ のとき，正規分布に一致し，$100 \leqq \phi \leqq 1000$ のとき，ほぼ正規分布に近づくことが知られている）．通常ある変数を x と置くことが多いので，x の二乗を表現することから，ギリシャ文字の χ（x に似ているから）の二乗としたカイ二乗分布とよばれるようになった．

そして，$\dfrac{標本平方和 S}{母分散 \sigma^2}$ で計算される値（χ^2 値）が，自由度 $n-1$ の χ^2 分布に従うことが発見（証明）され，標本分散と母分散の関係を分析できるようになった．

ここで χ^2 分布の特徴を挙げると，自由度 ϕ の χ^2 分布の平均は，自由度 ϕ（$E(\chi^2) = \phi$）となる．そこで，標本平均の分布で平均を求めたように，自由度 $n-1$ の χ^2 分布に従う $\dfrac{S}{\sigma^2}$ の χ^2 値の平均（期待値）を求めると，$E(S) = E(\sigma^2 \chi^2) = \sigma^2 E(\chi^2) = (n-1)\sigma^2$ と求まる（母数の計算方法の知識が必要になる）．この関係式から，今度は標本分散の分布の平均（期待値）を考えると，$E(V) = E(\dfrac{S}{n-1}) = \dfrac{E(S)}{n-1} = \dfrac{(n-1)\sigma^2}{n-1} = \sigma^2$ と求めることができ，標本平方和を $n-1$ で割った標本分散を不偏推定量として用いた場合のみ，母分散と一致することがわかる．

このように母分散を不偏推定するために使用する分散のことを不偏分散とよぶ．ここでは，通常の推定値と区別するために，不偏推定量というとても難解な概念を統計学では用いているが，ここでいう不偏性とは「推定値である以上，ばらつきをもってしまうが，無作為抽出されているのならば，そのばらつきの中心は推定対象と等しい(中心極限定理によって，標本平均 = 母平均と証明されている)」という性質を意味し，この不偏性をもった値(不偏推定量)を用いて，母数を推定しようとする考え方である(こういう考え方が，自然で適切と捉えている)．よって，母平均の検定には，母分散に不偏分散を代用すればよいことになる．記述統計の4.4.2項で解説した分散の求め方で，偏差平方和を$n-1$で割っていたのは，母分散を推定するための不偏分散を求めるためであり，小標本空間のデータ分析が多い記述統計の世界では，ばらつき量を自由度とともに考えることがとても重要なことだからである．

(3) 母数の計算方法(期待値の計算)

補足として期待値の計算方法を以下に解説する．

期待値とは，確率的な試行を何回か繰り返すことで，近づく(予想される)ことが期待される「真ん中の値」のことである．母集団における母数は確率変数に対して求めるため，確率を用いた計算になり，期待値は確率変数xがとる値に確率の重み付け(掛け算)をした平均になる．記号では$E(x)$と表記(Expectationの頭文字)し，以下の式で期待値を求めることができる．

$$離散型変数：E(x)=\sum xf(x), \quad 連続型変数：E(x)=\int_{-\infty}^{\infty} xf(x)dx$$

例えば，表4.11のデータが得られていた場合，母平均は確率変数Xとその確率の積の総和で計算した以下の式で求められる．

$$E(x)=X_1P_1+X_2P_2+X_3P_3+X_4P_4+\cdots X_nP_n+=\sum X_nP_n$$

表4.11 母集団のデータ(例)

X	X_1	X_2	X_3	X_4	X_5	$\cdots$	X_n	合計
確率	P_1	P_2	P_3	P_4	P_5	$\cdots$	P_n	1

4.4 二変数の差を推測統計的に分析する手法

表4.12 デザイン評価の度数分布表

階　級	40～45	45～50	50～55	55～60	60～65	65～70	70～75	75～80	80～85
階級値	42	47	52	57	62	67	72	77	82
度　数	1	1	1	1	1	1	1	1	1
比　率	1/9	1/9	1/9	1/9	1/9	1/9	1/9	1/9	1/9

このように，式のなかに確率が入ってくるため，一気に難しい式に感じられるが，標本の世界に置き換えると，確率変数 X がカテゴリーや階級値になり，確率が相対比率になるので「どのように母集団に拡張されているか」がイメージできる．例えば，**4.2.2項**で例として示した，デザイン評価（100点満点）のデータ $\{42, 46, 53, 57, 62, 66, 74, 76, 82\}$ が母集団のデータであったと仮定すると，このデータの度数分布表は**表4.12**になる．このデータで期待値を求めると以下の式となり，真ん中の位置を求めていることが理解できる．

$$E(X) = 42 \times 1/9 + 47 \times 1/9 + 52 \times 1/9 + 57 \times 1/9 + 62 \times 1/9 + 67 \times$$
$$1/9 + 72 \times 1/9 + 77 \times 1/9 + 82 \times 1/9$$
$$= (42 + 47 + 52 + 57 + 62 + 67 + 72 + 77 + 82) \times 1/9 = 62$$

このように，期待値の計算方法が理解できたうえで，次のことを考えてみる．確率変数 X のある値 x_i（上記の式の x_1 など）が観測される確率を p_i（**表4.12**だと比率）とし，全体で N 回（**表4.12**だと9回）の観測のうち，x_i が観測される回数を n_i 回（**表4.12**だと40～45の階級の度数は1回）とすると，確率変数 X の期待値と平均 $\bar{x}$ は，「$E(x) = \mu = \sum x_i \, p_i$」「$\bar{x} = \dfrac{\sum x_i \, n_i}{N}$」と求まる．今データ数 N が ∞ まで大多数になると，$\dfrac{n_i}{N}$ は相対比率なので，確率表現の p_i になり，$\mu = \bar{x}$ になる．つまり，標本数が母集団数と一致するとき，母平均と標本平均は一致するので，母平均を推定する不偏推定量として，標本平均が適していることが理解できる．このように，母数の計算方法の知識を増やしていくと，いろいろ疑問に思っていた推測統計学の謎が少しずつ解けていく．なお，偏差平方和と分散の期待値を計算した式を理解するためには，期待値の演算についての性質（公式）の知識が必要である．

(4) 小標本空間での母平均の検定(t分布の活用)

(2)の続きに戻り，活用を考えた母分散に不偏分散を代用したz値$\dfrac{\bar{x}-\bar{\bar{x}}}{\sqrt{V/n}}$は，標準正規分布には従わない形になる．そこで，この新しい値をt値として，このt値に従う分布を考えると，以下の式で表現されるように，標準正規分布(z分布)に従う分子の値と，自由度$n-1$のχ^2分布に従う分母の値の比になっていることがわかる．

$$t値 = \frac{\bar{x}-\bar{\bar{x}}}{\sqrt{V/n}} = \frac{\dfrac{(\bar{x}-\bar{\bar{x}})}{\sqrt{\sigma^2/n}}}{\sqrt{V/\sigma^2}} = \frac{\dfrac{\bar{x}-\bar{\bar{x}}}{\sigma/\sqrt{n}}}{\sqrt{\dfrac{(n-1)V}{\sigma^2}/(n-1)}}$$

このことから，$\bar{x}$とVは，互いに独立であることがわかり，t値はtの分布の確率密度関数として求めることができる．このtの分布を「t分布」とよび，t分布を用いて検定することを「t検定」とよぶ．

この自由度$n-1$に従うt分布は，**図4.28**に示すように，z分布と同様に有意水準5%を基準とした確率のものさしで，仮説の統計的検定ができる．また，χ^2分布自体が$100 \leq \phi \leq 1000$のとき，ほぼ正規分布に近づくことから，t分布も，$\phi > 30$になるとほぼ正規分布に近づくことが知られている．なお，t検定の具体的なやり方は**4.4.5項**で解説する．

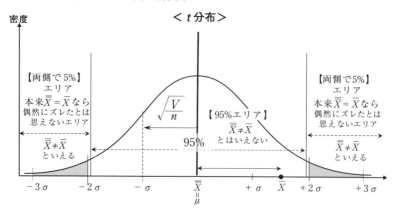

図4.28　t分布の統計的検定

(5) 小標本空間での分散比の検定（F 分布の活用）

平均値以外の重要な統計量として，分散と母分散の関係を χ^2 分布から考察した．また，「2つの標本平均の差が2つの母平均の差に表われるかどうか」についても t 分布から考察した．そして，最後に「2つの標本分散の差が，2つの母分散の差に表れるのかどうか」について考察する．

「2つの母分散に差があるか」を判断するためには，「$\sigma_A^2 - \sigma_B^2 = 0$」か「$\frac{\sigma_A^2}{\sigma_B^2} = 1$」を考えていけばよい．そこで前述した t 分布を考えると，分子と分母で，それぞれ独立した z 分布に従う値と，χ^2 分布に従う値の比をとることで，t 値を確率密度関数として求めることができた．そこで分散についても同じように考えると，σ_A^2 と σ_B^2 は独立でそれぞれ χ^2 分布に従うので，その比（$\frac{\sigma_A^2}{\sigma_B^2}$）をとった値の新たな分布を考えることができる．この分布のことを F 分布とよび，F 分布を用いて検定することを「F 検定」とよぶ．また，$\sigma_A^2 = \sigma_B^2$ のとき，その比が1になるので，100% という尺度として活用しやすい．

今 σ_A^2 と σ_B^2 を考えた場合，確率変数 A の χ^2 値 $= \frac{(m-1)V_A}{\sigma_A^2}$ が自由度 $m-1$ の χ^2 分布に従い，確率変数 B の χ^2 値 $= \frac{(n-1)V_B}{\sigma_B^2}$ が自由度 $n-1$ の χ^2 分布に従うとき，この2つの確率変数の比である F 値は以下の式の自由度 $(m-1, n-1)$ の F 分布に従うことが知られている．

$$F_0 = \frac{\frac{(m-1)V_A}{\sigma_A^2}/(m-1)}{\frac{(n-1)V_B}{\sigma_B^2}/(n-1)} = \frac{\sigma_B^2}{\sigma_A^2} \times \frac{V_A}{V_B}$$

この自由度 $(m-1, n-1)$ に従う F 分布は，**図 4.29** に示すように，従来の検定に用いた分布と同様に，有意水準5% を基準とした確率のものさしで，仮説の統計的検定ができる．また，2つの母分散が等しいとき（$\sigma_A^2 = \sigma_B^2$）は，F 値 $= \frac{V_A}{V_B}$ となり，標本の分散比を用いて，F 値を求めることができる．分散比を求める注意点として，必ず分子のほうが大きな分散になるように，$V_A \geq V_B$ なら F 値 $= \frac{V_A}{V_B}$，$V_A < V_B$ なら F 値 $= \frac{V_A}{V_B}$ を求めようにする（分散の小さいほう

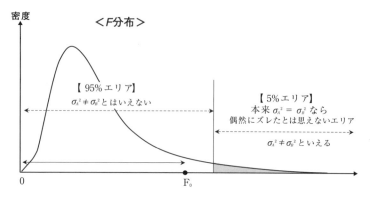

図 4.29　F 分布の統計的検定

を分子にする F 値は成り立たないから)．なお，t 値を 2 乗すると F 値と一致する(証明は専門書に譲る)．

(6) 統計的検定の各手法

　前述の Z 検定を t 検定に発展させたように，統計学では，それぞれの検定に適したさまざまな分布(図 4.18)が用意されている．よって，表 4.10 に示した統計的検定の一般的な定式の「手順 3」にある「理論分布」を，それぞれの検定に適した分布に当てはめることで，一般的な定式は，さまざまな目的の検定にも対応できるようになっている．

　主な検定手法と検定に用いる分布の関係を表 4.13 に示す．なお，小標本に用いられる検定手法も，データ数が多くなれば，大標本に用いられる検定手法と同じ結果になるのだから，通常用いる検定手法には小標本に用いられる検定手法を用いればよい．よって，4.4.4 項以降で取り上げる具体的な検定手法の解説は，小標本に用いられる検定手法について行う．取り上げていない検定手法については専門書を参照されるとよい．

4.4.4　2 つの分散の比の検定(F 検定)

　ここからは，具体的な検定のやり方についてデータ例を示しながら解説して

4.4 二変数の差を推測統計的に分析する手法

表 4.13 主な検定手法と分布の関係

検　定　名	分　布	備　考
母平均値の検定	z 分布	大標本，母分散既知
母平均値の検定	t 分布	小標本，母分散未知
母分散の検定	χ^2 分布	大標本
2 つの母平均値の差の検定	t 分布	小標本
2 つの母分散の比の検定	F 分布	小標本
分割表の検定	χ^2 分布	大標本
相関係数の検定	t 分布	小標本

いく．2 つの分散の比の検定には F 分布を活用して，F 検定を行う．

(1) 例題データについて

A 商品（車種）と B 商品（車種）の総合的な選好評価（100 点満点）に違いがあるか調べるために，それぞれ 8 人のターゲット顧客に評価してもらったデータが以下のとおりである．

A 商品：74 点，76 点，69 点，72 点，70 点，73 点，77 点，71 点

B 商品：75 点，74 点，70 点，71 点，69 点，73 点，75 点，73 点

なお，以降の説明で，計算プロセスの中身が見えて，理解しやすいように，あえて少ない標本数にしているので，これが適切なデータ数とは，捉えないようにしてほしい（**4.4.5 項**の例題も同様である）．

A 商品と B 商品の評価の分散に差があるか，統計的な判断を行う．

(2) F 検定の手順

【手順 1】 帰無仮説と対立仮説を設定する．

H_0（帰無仮説）：$\sigma_A^2 = \sigma_B^2$　（母分散 A と母分散 B は同じである）

H_1（対立仮説）：$\sigma_A^2 \neq \sigma_B^2$　（母分散 A と母分散 B は同じでない）

【手順 2】 各標本の分散（不偏分散）を求め，各標本分散の大きさを比較する．

$$S_A = 55.5, \quad V_A = \frac{55.5}{(8-1)} = 7.929$$

$$S_B = 36, \quad V_B = \frac{36}{(8-1)} = 5.143 \qquad V_A > V_B$$

【手順3】 標本の分散比(F_0値)と各自由度を求める．

$$F_0 = \frac{V_A}{V_B} = \frac{7.929}{5.143} = 1.542, \quad \phi_A = 7, \quad \phi_B = 7$$

【手順4】 F_0値の確率p値を求める．

Excelの関数(F.DIST.RT：Excel 2013の場合)を用いて，$F_0 = 1.542$をp値に変換すると，p値$= 0.2909$が求まる．

【手順5】 このp値と有意水準5%，1%を比較し，仮説の判定を行う．

p値$(0.2909) \geqq 0.05$より，有意ではなく，帰無仮説を棄却しない．

よって，母分散Aと母分散Bは同じである$(\sigma_A^2 = \sigma_B^2)$．

4.4.5　2つの平均値の差の検定(データの対応ありとなし)

平均値の検定では，「2つの組(変数)のデータが対応しているか，対応していないか」によって，検定の仕方が異なる．「対応している」とは，2組のデータが対またはペアになっているもので，例えば，同じ回答者の購入前と購入後の商品評価などである．「対応していない」のは，その逆で，2組のデータが対またはペアになっていないものである．例えば，男性と女性の商品評価などである．よって，対応なしと対応ありに分けて解説するが，2つの平均値の差の検定には，ともにt分布を活用して，t検定を行う．

(1) 対応なしの例題データについて

A商品(車種)とB商品(車種)の総合的な選好評価(100点満点)に違いがあるか調べるために，A商品とB商品について，異なる8人のターゲット顧客に評価してもらったデータが以下のとおりである．

A商品：74点，76点，69点，72点，70点，73点，77点，71点

B商品：75点，74点，70点，71点，69点，73点，75点，73点

A 商品と B 商品の評価の平均に差があるか，統計的な判断を行う．

(2) 2 つの分散の比の検定

対応のないデータは，A 商品と B 商品で異なる回答者が回答しているため，データ数が異なったり，ばらつきが異なることもある．そのような分布に対して平均値だけを比較しても，真の比較にはならない．そこで，2 つの評価データの分散に差がないか，2 つの分散の比の検定を行い，判定する．本例題は，**4.4.4項**と同じものなので，計算プロセスは省略して以下のように判定する．

母分散 A と母分散 B は同じである ($\sigma_A^2 = \sigma_B^2$)

$\sigma_A^2 = \sigma_B^2$ と判定された場合は，不偏分散 A と不偏分散 B をそれぞれ母分散に代用し，(3) 以降の手順に進む．もし，$\sigma_A^2 \neq \sigma_B^2$ と判定された場合は，新たな分布である「ウェルチの t 検定」で，2 つの平均値の差の検定を行うことになる．そのため，新たな知識が必要であり，専門書を参照することを推奨する．

(3) t 検定の手順

【手順1】 帰無仮説と対立仮説を設定する．

H_0(帰無仮説)：$\mu_A = \mu_B$ （母平均 A と母平均 B は同じである）

H_1(対立仮説)：$\mu_A \neq \mu_B$ （母平均 A と母平均 B は同じでない）

【手順2】 各標本の平均と不偏分散を求める（分布の公式を利用）．

$\bar{x}_A = 72.75, \quad \bar{x}_B = 72.5$

$$V = \frac{(S_A + S_B)}{(n_A + n_B - 2)} = \frac{(55.5 + 36)}{(8 + 8 - 2)} = \frac{91.5}{14} = 6.536$$

【手順3】 標本平均の分布での母平均と母標準偏差の推定量を求める．

母平均 $= \mu_A - \mu_B = 0$

母標準偏差 $= \sqrt{\left(\frac{1}{n_A} + \frac{1}{n_B}\right)V} = \sqrt{0.25 \times 6.536} = 1.278$

【手順4】 t_0 値を求める．

$$t_0 = \frac{(\bar{x}_A - \bar{x}_B) - (\mu_A - \mu_B)}{\sqrt{\left(\frac{1}{n_A} + \frac{1}{n_B}\right)V}} = \frac{(72.75 - 72.5) - 0}{\sqrt{0.25 \times 6.536}} = 0.196$$

【手順5】t_0 値の確率 p 値を求める.

Excel の関数(T.DIST.2T:Excel 2013 の場合)を用いて,$t_0 = 0.196$ を p 値に変換すると,p 値 $= 0.8477$ が求まる.

【手順6】この p 値と有意水準 5%,1% を比較し,仮説の判定を行う.

p 値 $(0.8477) \geqq 0.05$ より,有意ではなく,帰無仮説を棄却しない.

よって,母平均 A と母平均 B は同じである $(\mu_A = \mu_B)$.

(4) 対応ありの例題データについて

A 商品(車種)の現デザインと新デザインの評価に違いがあるか調べるため,A 商品(車種)の現デザインと新デザインについて,同一の回答者に総合的な選好評価(100 点満点)をしてもらったデータが以下のとおりである.

現デザイン:61 点,68 点,59 点,66 点,64 点,57 点,66 点

新デザイン:66 点,58 点,67 点,62 点,65 点,62 点,57 点

現デザインと新デザインの評価の平均に差があるか,統計的な判断を行う.

(5) t 検定の手順

【手順1】帰無仮説と対立仮説を設定する.

H_0(帰無仮説):$\mu_{現} = \mu_{新}$ (現デザインと新デザインの母平均は同じである)

H_1(対立仮説):$\mu_{現} \neq \mu_{新}$ (現デザインと新デザインの母平均は同じでない)

【手順2】各標本の平均と不偏分散を求める(母集団 C の分布と考える).

$$\bar{x}_{現} - \bar{x}_{新} = \bar{x}_c = \frac{(-5 + 10 - 8 + 4 - 1 - 5 + 9)}{7} = 0.57$$

$$S_c = \frac{(312 - 16)}{7} = 309.71, \quad V_c = \frac{309.71}{(7-1)} = 51.62$$

【手順3】標本平均の分布での母平均と母標準偏差の推定量を求める.

$$\text{母平均} = \mu_{\text{現}} - \mu_{\text{新}} = \mu_C = 0$$

$$\text{母標準偏差} = \sqrt{\frac{V_C}{n_C}} = \sqrt{\frac{51.62}{7}} = 2.72$$

【手順4】 t_0 値を求める.

$$t_0 = \frac{(\bar{x}_c - \mu_c)}{\sqrt{\frac{V_C}{n_C}}} = \frac{0.57 - 0}{2.72} = 0.21$$

【手順5】 t_0 値の確率 p 値を求める.

Excel の関数(T.DIST.2T：Excel 2013 の場合)を用いて，$t_0=0.21$ を p 値に変換すると，p 値 $=0.8406$ が求まる.

【手順6】 この p 値と有意水準 5%，1% を比較し，仮説の判定を行う.

p 値(0.8406)≥ 0.05 より，有意ではなく，帰無仮説を棄却しない.

よって，現デザインと新デザインの母平均は同じである($\mu_{\text{現}}=\mu_{\text{新}}$).

4.4.6 分割表の検定(χ^2検定)

(1) 分割表の検定の考え方(独立性)

4.3.3項で解説した分割表(クロス集計)で得られた質的変数と質的変数の関係性について，「大多数のデータにおいても，その関係性があるのか」を検定するのが，分割表の検定である.

今，表4.14に示す j 分類と k 分類に区分された2つの質的変数の分割表を考える．各クロス集計の度数を f_{jk} とすると，これは実際に観測された度数になる．ここに，「2つの質的変数は独立な関係(無関係)になっている」と想定して(仮説を立て)得られる度数を「理論度数」とよび，「F_{jk}(理論度数) $= \frac{n_j m_k}{N}$」の式で，計算して求められる(表4.15)．この理論度数 F_{jk} と観測度数 f_{jk} との当てはまりの程度を調べ，当てはまっていれば「2つの質的変数は独立な関係である」，当てはまっていなければ「2つの質的変数は独立な関係ではない」と判定できる.

この理論度数 F_{jk} と観測度数 f_{jk} との関係性を表す統計量が従う分布として，

表 4.14 分割表の一般例

		質的変数 B				合計
		1	2	⋯	k	
質的変数 A	1	f_{11}	f_{12}	⋯	f_{1k}	n_1
	2	f_{21}	f_{22}	⋯	f_{2k}	n_2
	⋮	⋮	⋮	⋯	⋮	⋮
	⋮	⋮	⋮	⋯	⋮	⋮
	j	f_{j1}	f_{j2}	⋯	f_{jk}	n_j
合計		m_1	m_2	⋯	m_k	N

表 4.15 観測度数と理論度数のデータ

	1	2	⋯	⋯	合計
観測値	f_{11}	f_{12}	⋯	f_{jk}	N
理論値	F_{11}	F_{12}	⋯	F_{jk}	N

χ^2分布がある.F_{jk}とf_{jk}を以下の式で表現すると,以下の式は自由度$(j-1)(k-1)$のχ^2分布に従う.

$$\chi^2 \text{値} = \frac{(f_{11}-F_{11})^2}{F_{11}} + \frac{(f_{12}-F_{12})^2}{F_{12}} + \cdots + \frac{(f_{jk}-F_{jk})^2}{F_{jk}}$$

この分布において,χ^2値が0に近いほど,F_{jk}とf_{jk}の当てはまりがよいことを表すので,2つの変数の独立性の関係を確率的に判断することができる.つまり,他の分布と同様に,χ^2値をp値に変換し,有意水準5%を基準とした確率のものさしで仮説の統計的検定が行える.このように2つの変数の独立性を見ることから,「独立性の検定」とよばれたり,χ^2分布を用いるので「χ^2検定」ともよばれる.

(2) 例題データについて

表 4.16 は，A 商品（車種）の新デザインの選好評価について，男女別に「好き・嫌い」の評価を行い，クロス集計したものである．性別とデザイン評価に関連性があるか，統計的な判断を行う．

(3) χ^2 検定の手順

【手順 1】 帰無仮説と対立仮説を設定する．

H_0（帰無仮説）：性別とデザイン評価に関連性はない （独立である）

H_1（対立仮説）：性別とデザイン評価に関連性はある （独立でない）

【手順 2】 帰無仮説に対する理論度数（表 4.17）を求める．

【手順 3】 χ^2 値と自由度を求める．

$$\chi^2_0 = \frac{(14-20)^2}{20} + \frac{(16-10)^2}{10} + \frac{(66-60)^2}{60} + \frac{(24-30)^2}{30} = 7.2$$

自由度 $=(j-1)(k-1)=(2-1)(2-1)=1$

【手順 4】 χ^2 値の確率 p 値を求める．

Excel の関数（CHISQ.DIST.RT：Excel 2013 の場合）を用いて，$\chi^2_0=7.2$ を p 値に変換すると，p 値 $=0.0073$ が求まる．

表 4.16 性別とデザイン評価の分割表

	男性	女性	合計
デザイン好き	14	16	30
デザイン嫌い	66	24	90
合　　計	80	40	120

表 4.17 理論度数の集計表

	男性	女性	合計
デザイン好き	20	10	30
デザイン嫌い	60	30	90
合　　計	80	40	120

$F_{jk} = \dfrac{n_j m_k}{N}$ より

$F_{11} = \dfrac{n_1 m_1}{N} = \dfrac{(30 \times 80)}{120} = 20 \qquad F_{21} = \dfrac{n_2 m_1}{N} = \dfrac{(90 \times 80)}{120} = 60$

$F_{12} = \dfrac{n_1 m_2}{N} = \dfrac{(30 \times 40)}{120} = 10 \qquad F_{22} = \dfrac{n_2 m_2}{N} = \dfrac{(90 \times 40)}{120} = 30$

【手順5】この p 値と有意水準 5%, 1% を比較し, 仮説の判定を行う.

p 値 $(0.0073) < 0.01$ より, 1% 有意で, 帰無仮説を強く棄却する.
よって, 性別とデザイン評価に関連性はある.

4.5　三変数以上の差を推測統計的に分析する手法

　三変数以上の分析については第5章の内容になるが, 差の分析および統計的検定を用いるという分析は, 本章で続けて学ぶほうが理解しやすいと考える. そのため, 以降で解説する分散分析法は, 前述した F 検定を活用した分析と捉えると理解がしやすい. また, 実験計画法については, 実験調査の概要や実験の組み方を 3.4 節で解説しているため, 本節では, この分散分析法を用いた分析部分について解説する. なお, 実験計画法については, 紙面の都合で多くについて解説できないため, 専門書を読むことをお薦めする.

4.5.1　分散分析法

(1) 分散分析法とは

　2つの平均値の差を分析 (t 検定) するとき, 差があることを望んで対立仮説を立てた. つまり, 差を分析するときには効果のある差を導出することを狙いとして行っており, そのような効果が「本来知りたいと考えている母集団でも, 効果として表れるのか」を分析したいのである. このような分析を3つ以上の平均値について行うのが, 分散分析法である.

(2) 分散分析法の考え方

①記述統計的に考える

　自動車の塗装である「ソリッド塗装」「つや消し塗装」「メタリック塗装」の3種類の試作品をターゲット顧客5人に見せて評価してもらい,「その選好評価 (100点満点) の平均値の差が選好評価の母平均の差にも表れるのか」についての分析を考えてみる.

　記述統計的に分析すると, 全体平均から塗装の各種類の平均を引くことで各

4.5 三変数以上の差を推測統計的に分析する手法

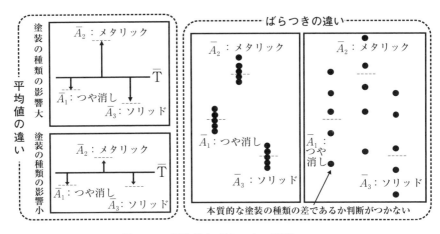

図 4.30 平均値とばらつきの関係

塗装種類の効果が導出される．その各効果の総量の大小で，「塗装の種類を変えることによる選好評価の差があるか，ないか」を判断できる(図 4.30)．ただし，推測統計学を学んでわかったように，標本の世界では，データ数が少ないなかでの試行結果であるため，母集団の結果(母平均)とのズレ(誤差)も含んで分析していることになる．つまり，塗装の各種類の平均に差があるように見えるが，図 4.30 のように，本質的(母平均)に差があることによって生まれている平均の差と，右端図のように，偶然に，＋の誤差が「メタリック」に，－の誤差が「ソリッド」に表れたことによって生まれている平均の差も存在する．そのため，単純に平均値だけを比較するだけでなく，各水準(塗装種類)内のばらつき量の比較も行わないと，本質的な差は分析できないのである．

②推測統計的に考える

そこで今比較したい分類数を K 水準とすると，「$\overline{A}_1 \sim \overline{A}_K$ までの平均値の差が，母集団の $\mu_1 \sim \mu_K$ の母平均の差として表れるのか」を分析することになる．そこで，母平均のばらつきを σ_A^2 とすると，$\sigma_A^2 \fallingdotseq 0$ のとき，$\mu_1 \fallingdotseq \mu_2 \fallingdotseq \cdots \fallingdotseq \mu_K$ を表すことになり，「水準を変えることの本質的効果がない」と判断できる．つまり，$\sigma_A^2 = 0$ の仮説を統計的に検定し，有意であれば，このような仮説が偶

然起きることはあり得ないので,「水準を変えることによる評価の差はある」と判断でき,有意にならなければ「水準を変えることによる評価の差はない」と判断できる.

この考え方を生かすために,$\sigma_A^2=0$ の関係を標本の統計量,特に誤差の統計量を用いて表せないか考える.そこで「標本の平均値のばらつき(分散)V_A と,標本の誤差のばらつき(分散)V_e が,母集団でどの程度の中心的値になるか」を求めるため,それぞれ期待値を求めると以下のとおりになる(n はデータ数).

$$E(V_A)=\sigma_e^2+\frac{n\sum a_i^2}{(K-1)}=\sigma_e^2+n\sigma_A^2$$

$$E(V_e)=\frac{E(S_e)}{K(n-1)}=\sigma_e^2$$

この式において,$E(V_A)=E(V_e)$ のとき,$\sigma_A^2=0$ になる.つまり,$V_A=V_e$ が示せれば,ほぼ $E(V_A)=E(V_e)$ の関係になることから,$\sigma_A^2=0$ も示せる.また $V_A=V_e$ も $\frac{V_A}{V_e}=1$ で示すことができ,この分散の比は F 分布に従う(4.4.3項で解説済み)ことから,F 検定で分析できる.よって,標本のデータである V_A と V_e で F 値($\frac{V_A}{V_e}$)を求め,F 分布上で5%を超える F 値になれば,「$\sigma_A^2=0$ とした仮説がおかしい」と判断して仮説を棄却すればよい.

このように,分散分析法では,標本の平均のばらつき(分散)V_A と,標本の誤差のばらつき(分散)V_e の比を用いて,F 検定を行うのである.

③ V_A と V_e の比較は何を分析しているのか

数学的に見た「V_A と V_e」がどのような意味を表しているのか,図解して理解を深める.先ほどの例題で,5人の評価データが図4.31の左上表に示すように得られたとする.このデータの総変動(全体のばらつき量)のなかには,塗装種類が変わることによる評価のばらつき(塗装種類の効果)と,標本という少ない試行のために生ずる誤差のばらつき(回答者が変わることによるばらつきなど)が含まれている.これを,総変動(S_T)から級間変動(S_A)および級内変動(S_e)として差し引くと,全て全体平均のデータになり,効果も誤差もないことを表す「ばらつき0のデータ」になる.つまり,②で分析していた V_A と V_e は,

4.5 三変数以上の差を推測統計的に分析する手法　　155

われわれが得られるデータ

	ソリッド	つや消し	メタリック
回答者 1	82	86	86
回答者 2	78	80	82
回答者 3	76	86	84
回答者 4	78	78	84
回答者 5	74	84	92

列平均：77.6　82.8　85.6
全体平均：82

〈総変動 (S_T)〉

塗装種類の効果
(効果の全合計は0に基準化)

	ソリッド	つや消し	メタリック
回答者 1	-4.4	0.8	3.6
回答者 2	-4.4	0.8	3.6
回答者 3	-4.4	0.8	3.6
回答者 4	-4.4	0.8	3.6
回答者 5	-4.4	0.8	3.6

全体平均から
列平均を引いたもの
〈級間変動 (S_A)〉

標本の世界で生ずる誤差
(誤差の全合計は0に基準化)

	ソリッド	つや消し	メタリック
回答者 1	+4.4	+3.2	+0.4
回答者 2	+0.4	-2.8	-3.6
回答者 3	-1.6	+3.2	-1.6
回答者 4	+0.4	-4.8	-1.6
回答者 5	-3.6	+1.2	+6.4

得られたデータから
列平均を引いたもの
〈級内変動 (S_e)〉

効果も誤差もないデータ

	ソリッド	つや消し	メタリック
回答者 1	82	82	82
回答者 2	82	82	82
回答者 3	82	82	82
回答者 4	82	82	82
回答者 5	82	82	82

全体平均になる
ばらつきも0になる
〈全体平均 ($\overline{X_A}$)〉

図 4.31　分散分析の考え方

図 4.31 で考えると，級間変動(S_A)を自由度で割った V_A および級内変動(S_e)を自由度で割った V_e を用いて，「全体平均から見て，級間変動(塗装の種類を変えることによる効果)と級内変動(偶然の誤差)のどちらのほうが大きいか」を見ていたことになる．そして，級間変動 V_A のほうが大きい(塗装の種類を変えることによる本質的効果がある)と考えて，$\dfrac{V_A}{V_e}$ の F 値が母集団でも大きな値として表れるか，F 検定で確かめていたのである．

図 4.31 に示した考え方を用いると，得られたデータを，それぞれの効果のばらつき量および誤差の影響のばらつき量に分解できるので，差の分析をしたい変数(分散分析では因子とよぶ)が増えても，「$S_T = S_A + S_B + S_C + \cdots + S_e$(誤

差)」のように，平方和を分解して，$\frac{S_A}{S_e}$，$\frac{S_B}{S_e}$，$\frac{S_C}{S_e}$，…と（実際には分散比で）比較をしていくことで，多くの因子についても，効果のある差について検定で分析していくことができる．分散分析法では，1つの因子について分析する方法を一元配置分散分析法，2つの因子については二元配置分散分析法，3つ以上の因子については，多元配置分散分析法とよぶ．

以上のように，分散分析法は，データ内部にある変動(S_T)を，ある要因を起こす変動(S_A, S_B…)と，それ以外の変動(S_e)に分けて，どちらが意味のある大きな変動量であるかを比較し，分析していくという考え方なのである．

(3) 分散分析表による分析

分散分析法の考え方を，表 4.18 に示す表形式にまとめたものが分散分析表である．この表を活用することで，計算手順や計算方法がわかり，最終的な検定結果も一目でわかる．以下，分散分析表の分析結果例を解説する．

図 3.13 の例についてデータを収集し，分散分析した結果を表 4.19 に示す．なお各因子の水準について，スタイルは「スポーティー」と「ドレッシー」，イメージは「豪華」と「シンプル」，塗装仕上げは「つや消し」と「光沢」で

表 4.18　一般的な分散分析表の例

要因	平方和 S	自由度 Φ	分散 V	分散比(F値)	P値	検定結果
因子 A	S_A	Φ_A=水準数-1	$V_A=\frac{S_A}{\Phi_A}$	$F_A=\frac{V_A}{V_e}$	P_A=0.001	**
因子 B	S_B	Φ_B=水準数-1	$V_B=\frac{S_B}{\Phi_B}$	$F_B=\frac{V_B}{V_e}$	P_B=0.043	*
$A \times B$	$S_{A \times B}$	$\Phi_{A \times B}$ = (水準数-1)(水準数-1)	$V_{A \times B}=\frac{S_{A \times B}}{\Phi_{A \times B}}$	$F_{A \times B}=\frac{V_{A \times B}}{V_e}$	$P_{A \times B}$=0.13	
⋮	⋮	⋮	⋮	⋮	⋮	⋮
誤差 e	S_e	$\Phi_e=\Phi_T-\Phi_A-\Phi_B\cdots$	$V_e=\frac{S_e}{\Phi_e}$	—	—	—
総変動 T	S_T	Φ_T=総データ数-1	—	—	—	—

注) p 値は Excel の関数(F.DIST.RT：Excel 2013 版)で求めるとよい．

4.5 三変数以上の差を推測統計的に分析する手法

表 4.19 分散分析の結果

因　子	平方和	自由度	分散	分散比	p 値	検定結果
スタイル	612.5	1	612.5	612.5/7.75=78.03	0.0009	＊＊
イメージ	180.5	1	180.5	180.5/7.75=23.29	0.0084	＊＊
塗装仕上げ	162.0	1	162.0	162.0/7.75=20.90	0.0102	＊
誤　差	31.0	4	7.75	－	－	－
総変動	986.0	7	－	－	－	－

ある．分析の結果，スタイルおよびイメージの因子は p 値より 1% 有意で，「効果のある差が強くある」と統計的に判断できる．また，塗装仕上げも 5% 有意で，こちらも「効果のある差がある」と統計的に判断できる．差があることがわかった因子については，「どちらの水準を選択すると選好評価が高くなるか」について水準ごとに平均値を求め，平均値の高い水準を因子ごとに選択すれば，それが最適水準になる．

4.5.2 直交表を用いた分散分析法（交互作用も含む）

前項で解説したように，分散分析法を用いることで多くの因子の効果（効果のある差）を検定することができる．ただし，その反面，データ収集の面を考えると，多くの因子を用いた分散分析法を行うためには，多くの組合せ実験を行う必要があり，現実的には不可能な実験も多く発生してしまう．

例えば，全て 2 水準の 7 因子について分散分析法を行うためには，$2^7=128$ 通りの組合せ実験からデータを得なければならない（全て 3 水準の 5 因子では 32768 通りになる）．交互作用（組合せ効果を表す，詳しくは第 6 章を参照）も考えると，分析を行いたい因子数は，すぐに 7 因子ぐらいになることは，よくあることである．そのため，分散分析法を有効活用するためには，現実的に行える実験数に工夫ができる「実験の計画」に関する方法論が必要になる．このための方法論が実験計画法である（第 3 章を参照）．

実験計画法の基本型であるラテン方格の原理が備わった「直交表」を用いて

行う実験を直交配置実験とよぶ．この直交配置実験を行うことで，実験数を減らしながら，全ての組合せで行った実験とほぼ同等の情報が得られる(**3.4.4項**で解説済み)．この直交配置実験によって得られたデータをどのように分散分析(分散分析表を作成)していくかについて解説する．

図 3.12 に示した L_4 直交表で実験して得たデータを，直交表に組み込んだものが**図 4.32** である．直交表に示されている「1 と 2」に対応する得られたデータが何を表しているのか，見ていく．まず，スタイル因子の「1 と 2」では，スタイルの水準とイメージの水準で作成される二元表で表現すると，行方向のデータに対応していることがわかる(**図 4.32**)．同様にイメージ因子は，列方向のデータに対応している．つまり，**4.5.1 項**で解説したように，列方向および行方向のばらつき量から各因子の効果のばらつき量として表現しており，直交表ではそれを水準 1 に対応するデータと水準 2 に対応するデータから計算できるようになっている．さらに，塗装仕上げの因子は，二元表の対角成分を活用し，右斜め下方向を水準 1 ，右斜め上方向を水準 2 として，ばらつき量を計算できるようになっている．このことにより，本来，$2^3=8$ つの組合せについて選好評価したデータを得ないと分散分析できないものが，4 つの組合せについて選好評価したデータで分散分析できるようになる．

具体的な平方和の計算は，以下の簡便式を用いると簡単に計算できる．なお交互作用についても，割り付けた列で同様の計算を行えばよい．このように計

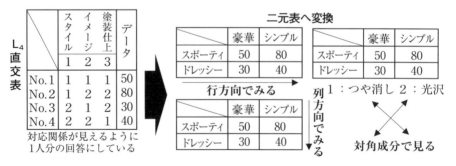

図 4.32 直交表データから平方和 S の計算へ

算された各因子(交互作用も含む)の平方和を分散分析表に入れて，分散分析表を作成すれば，直交表を用いた実験データでの分散分析が行える．

$$S_A = \frac{\sum(A_iで実験されたデータの合計)^2}{A_iで実験されたデータの数} - \frac{(データの総計)^2}{総データ数}$$

4.5.3 直交表の応用

図 3.13 に示すように，いろいろな因子数や水準数に対応した直交表が用意されており，さまざまな分析目的にも分散分析法が適用できる．ただし，基本型となる直交表には，いくつか制限があり，「1つの因子を多水準にしたい」「水準数がばらばらの複数因子を用いたい」「ある因子の水準によって取り上げる因子の内容や水準を変えたい」などの特殊な場合について，直交表の応用型を用いることで対応できる．このための専門知識については，専門書を参照されるとよい．

第4章の参考文献
［1］神田範明，中山功，川副延生(1998)：『文科系のためのデータ分析入門』，同文舘出版．
［2］神田範明編，大藤正，岡本眞一，今野勤，長沢伸也，丸山一彦(2000)：『ヒットを生む商品企画七つ道具　よくわかる編』，日科技連出版社．
［3］黒田孝郎，小島順，野崎昭弘，森毅(2011)：『高等学校の確率・統計』，筑摩書房．
［4］栗原伸一，丸山敦史(2017)：『統計学図鑑』，オーム社．
［5］佐々木脩，工藤紀彦，谷津進，直井知与(1985)：『実践実験計画法』，日刊工業新聞社．
［6］芝村良(2004)：『R.A.フィッシャーの統計理論』，九州大学出版会．
［7］竹内淳(2012)：『高校数学でわかる統計学』，講談社．
［8］竹内啓(2016)：『数理統計学の考え方』，岩波書店．
［9］東京大学教養学部統計学教室編(1991)：『統計学入門』，東京大学出版会．
［10］東京大学教養学部統計学教室編(1992)：『自然科学の統計学』，東京大学出版会．

[11]　中西達夫(2014)：『すぐれた判断は「統計データ分析」から生まれる』，実務教育出版．
[12]　永田靖(2000)：『入門 実験計画法』，日科技連出版社．
[13]　西牧洋一郎(2017)：『実践 IBM SPSS Modeler』，東京図書．
[14]　廣津千尋(1976)：『分散分析』，教育出版．
[15]　蓑谷千凰彦(2003)：『統計分布ハンドブック』，朝倉書店．
[16]　森口繁一編(1989)：『新編　統計的方法(改訂版)』，日本規格協会．
[17]　森田優三，久次智雄(1993)：『新統計概論(改訂版)』，日本評論社．
[18]　Stephen M. Stigler(2016)：*The Seven Pillars of Statistical Wisdom*, Harvard University Press.

第5章　多変量解析による市場分析

5.1　多変量解析の概論

　第4章で，一変数および二変数(一部分散分析法では，三変数以上について)の分析方法を解説した．本章では，多変量解析とよばれる三変数以上の関連性について分析する方法を解説する．

　3.1節でも触れたように，データが多変数になると，その関連性の複雑さは一層増し，一変数，二変数までの分析方法では，アプローチできない側面があるため，さまざまな角度から多変数データにアプローチできる分析手法が必要となる．そして，多変量解析は，1つの分析手法を意味するものではなく，多くの統計解析手法を集めた手法集の総称である．3.6節では，どのようなことに用いるかを中心にして，多変量解析の種類を解説したが，本節では，より分析視点に立ち，多変量解析の手法の概要を表5.1に示す．

　多変量解析は大きく2つに分けられるが，表5.1とは別に，新しく多変量解析に追加されるべき手法も出てきている．例えば，要約した変数を組み込んで要因分析を行う「共分散構造分析(構造方程式モデリング)」や，一部の項目に注目して比較を行い，それらを総合化して，全体から見た各項目の重要度を分析する「AHP(階層型意思決定分析法)」など，表5.1に新たに追加されるであろう多変量解析は増えている．

　表5.1に示すように，さまざまな目的とデータの型によって，さまざまな分析手法が多変量解析では用意されている．単に「データがあるから多変量解析を行おう」という考えでいると，その目的やデータ型に合わず，多変量解析の

表5.1 多変量解析の種類

分析目的	統計的分類	目的変数の型	説明変数の型	手法名
因果関係を分析し，要因で説明・予測分析する	基準変数解析	量的変数	量的変数	**重回帰分析**，プロビット分析
			質的変数	**数量化Ⅰ類**，コンジョイント分析
		質的変数	量的変数	判別分析，ロジスティック回帰
			質的変数	数量化Ⅱ類
多変数を要約し，データ構造を分析する	相互依存変数解析	—	量的変数	主成分分析
				因子分析
				クラスター分析
			質的変数	**数量化Ⅲ類**
				多次元尺度構成法(MDS)
				コレスポンデンス分析

注）本書で解説する手法は**太字**にしている．

有効性も半減する．重要なことは，分析目的，各手法から得られる効果，対応するデータ型などを十分理解し，多くの多変量解析を活用できるようになることである．

なお紙面の都合で，全ての多変量解析を詳細に解説することはできない．そのため，本書で解説されていない部分については，専門書を参照するとよい．

5.2 重回帰分析（多変数の要因を分析する手法Ⅰ）

5.2.1 重回帰分析と単回帰分析の違い

重回帰分析は，4.3.5項で解説した単回帰分析の説明変数（量的変数）が，多変数になった場合の分析方法である．では要因分析を行う場合，単回帰分析では不十分となり重回帰分析が必要になる理由を考えてみる．

2018年は，米国メジャーリーグへの二刀流挑戦や熱闘が続いた夏の甲子園

5.2 重回帰分析(多変数の要因を分析する手法Ⅰ)

などで,野球が取り上げられることが多かった.そのため,この野球の勝ち負け(勝敗)に,どのような要因が影響を与えているのか,データを分析することで,その要因を探ってみる.

野球の勝敗に影響するものを考えると,自チームが得点を多数獲得するために,打者がヒット(1〜3塁打など)や本塁打を打ったり,盗塁をして先の塁に進むことなどが考えられる.また自チームが,相手チームに得点を与えないために,野手がエラーをせず,しっかり守ったり,投手がヒットや本塁打を打たれないことや四死球を与えないことなどが考えられる.

ここではとても単純に考えるために,野球の勝敗には,自チームの打力と投手力が影響する(要因となる)とし,**4.3.5項**で解説した単回帰分析を行ってみる.目的変数となる野球の勝敗には「勝率」,説明変数となる打力には「打率」,投手力には「防御率」というデータを用いて分析する.

ある野球チームのデータを,単回帰分析した結果が以下のとおりである.

$$y(勝率) = 0.153 + 1.298x_1(打率) \rightarrow 寄与率(R^2) = 10.5\%$$
$$y(勝率) = 0.598 - 0.169x_2(防御率) \rightarrow 寄与率(R^2) = 16.1\%$$

この結果から読み取れることは,寄与率が 20% 未満であることから,「元データとこの回帰モデルの適合度は,2 割もない」ということになる.つまり,勝率を打率で説明するこのモデルが,成り立たないことを意味するが,これは,打率が勝率に影響を与えていないとも解釈できる(防御率の場合も同様).数多くヒットを打って得点を獲得することも,相手チームに得点を与えないことも,勝率に影響を与えないという,矛盾を感じる分析結果になっている.

次に,全く同じデータを重回帰分析すると,以下の結果が得られる.

$$y(勝率) = 0.301 + 1.796x_1(打率) - 0.074x_2(防御率)$$
$$\rightarrow 寄与率(R^2) = 87.3\%$$

上の回帰モデルでは,寄与率が 80% 以上あるため,「元データとこのモデルの適合度は 8 割以上あり,打率も防御率も勝率に影響を与えている」と解釈できる.

以上のように単回帰分析と重回帰分析で正反対ともいえる結果の差異が出た

ことは，単回帰分析では分析できない側面を，重回帰分析では分析できることを表している．もちろん多変数で情報量が増えているので，二変数から得られる情報よりは多くなるのは当然であるが，多変数の複雑な関連性を分析できることに，重回帰分析の利点がある．

野球データの構造は，「自チームが数多くヒットを打って10点獲得しても，自チームの投手が打たれて11点とられると負けてしまう（勝率が低くなる）」ことや「自チームが1点しか獲得できなくとも，自チームの投手が0点に守ってくれると勝てる（勝率が高くなる）」という場合もあるため，「打率が高いときに勝率が高く，打率が低いときに勝率が低い」という単回帰の関係を前提にしてしまうと説明がつかない．そのため，打率の寄与率がかなり低いモデルになっていたのである（防御率の場合も同様）．つまり，勝率は1つの要因だけで説明できる現象ではなかったのである．

これが重回帰分析では，打率と防御率を同時に説明変数と捉えることができるため，「打率が高く，防御率が高いときの勝率は？」「打率が低く，防御率が高いときの勝率は？」などと，打率と防御率が同時に変化したときの勝率の状態をモデル式として考えられるので，野球データの構造に適した分析ができたのである．

このように，世の中に存在する現象は，多変数の複雑な関係に成り立っているものが多い．特に顧客の選好評価においては，総合的な評価（目的変数）は，さまざまな商品特性の項目（説明変数）から複雑な影響を受けているため，これらの構造を適切に分析し，多変数の要因のなかから，影響する購買決定要因などを分析するためには，重回帰分析が必要となる．

5.2.2 重回帰分析モデルの考え方

重回帰分析は，説明変数が多変数になるため，目的変数を y，説明変数を x_1〜x_P とすると，①の一般式で表現でき，この β_0〜β_P（β_0 は定数項，β_1〜β_P は各説明変数にかかるウェイトを表す回帰係数である）を求めることで，重回帰モデル式を作り上げることができる．そして，このモデル式を中心にして，このモ

デル式に付帯するいくつかの統計量を求め，それらの統計量を読み取り，分析を行っていく．

$$y = \beta_0 + \beta_1 x_1 + \beta_2 x_2 + \cdots + \beta_P x_P \quad \cdots\cdots ①$$

この分析の中心となるモデル式をどのような考え方で求めるのかは，単回帰分析と全く同様である．多変数を図解することは困難なため，4.3.5項の単回帰分析で図解した**図4.13**が多次元に拡張されたとイメージし，①のモデルにデータを当てはめたときに，このモデルでは説明できない残りを残差(e)とし，

$$y = (\beta_0 + \beta_1 x_1 + \beta_2 x_2 + \cdots + \beta_P x_P) + e$$
$$\Sigma e^2 = \{y - (\beta_0 + \beta_1 x_1 + \beta_2 x_2 + \cdots + \beta_P x_P)\}^2$$

以上の残差(e)の2乗の合計が最小になるように$\beta_0 \sim \beta_P$を求めていく．

5.2.3 重回帰分析結果の読み取り方

(1) モデルの適正チェック

重回帰分析で最も注意すべきことは，「多重共線性(Multicollinearity：略してマルチコとよばれる)が起きていないか」に気づくことである．多重共線性とは，「説明変数同士で1次の線形関係が強くなると，回帰係数が求められない，または回帰係数の符号が本来あるべき符号の逆になってしまうという，重回帰分析の解法における構造的な問題(回帰係数を求める正規方程式における，逆行列が存在しない状態)のこと」である．

例えば，野球データの重回帰分析の結果で説明すると，

$$y(勝率) = 0.301 + 1.796 x_1(打率) - 0.074 x_2(防御率)$$

の上式のx_1は打率を，x_2は防御率を表している．このとき勝率は，打率のデータに$+1.796$を，防御率のデータに-0.074を掛け算して，計算されるようになっている．そのため，打率の数値が高まると勝率が高まり，防御率の数値が高まると勝率が下がる．こうして，実際の野球の現象が適切に表現されている．

しかし，もし回帰係数の符号が以下のように逆転していると，

$$y(勝率) = 0.301 - 1.796 x_1(打率) + 0.074 x_2(防御率)$$

上式のようになり，「多くのヒットを打つと勝率を下げ，相手に多くの得点を

与えると勝率を高める」という常識と矛盾するモデルになってしまう．このような矛盾するモデルが導出される原因が多重共線性なのである．

そのため，重回帰分析を行った場合，最初に見るべき分析結果は，「多重共線性が起きていないか」であり，つまりは回帰係数の符号を確認して，モデルの適正(多重共線性の悪影響なく，重回帰モデル式が正しく推計できているか)をチェックすることである．モデルの適正は，「目的変数と説明変数の相関係数の符号と，回帰係数の符号が一致しているか」で判断するとよい．このとき，もしも多重共線性が起きていた場合は，線形関係の強い変数のなかから，変数の選択を行ったり，変数の合成や縮約による新しい変数への変換を行うことで，対処ができる(**5.2.4**項を参照)．

(2) モデルの適合度

単回帰分析と同様に，「元データに対してモデルがどの程度当てはまっているか」を見る統計量(適合度)として，寄与率(R^2＝回帰変動／全変動)がある．

寄与率は，$0 \leq R^2 \leq 1$ の規準化尺度であり，「元データに対してモデルがどの程度当てはまっているか」を表す尺度であることから，寄与率が0.7～0.8程度以上のモデルだと，適合していると考えることが多い．もし，寄与率が5割にも満たないモデルが導出された場合は，**5.2.4**項のモデルの精度評価を行うか，説明変数の再考を行うとよい．

(3) モデル式

最小二乗法によって求められた $\beta_0 \sim \beta_P$ を，$y=$ の式で表現することで，下式のように回帰モデル式ができあがる．

$$y(勝率) = 0.301 + 1.796 x_1 (打率) - 0.074 x_2 (防御率)$$

このような式が導出されると，x に値を代入して，y の値を予測してみたくなるが，予測値が当たるかどうかは，また別の角度からの精度評価が必要になる．重回帰モデル式を予測モデルとして使用したい場合は，専門書を参照されるとよい．

(4) 個々の要因の影響度

重回帰分析では，単回帰分析とは異なり，要因となる説明変数が多数になる．そのため，「目的変数に対して，どの要因が，どの程度の影響度であるか」も考察しておくとよい．この個々の説明変数の影響度を見る統計量として，t 値・F 値・p 値と偏相関係数の 2 つがある（t 値$^2 = F$ 値，t 値や F 値を確率で表現すると p 値になることから，これらは 1 つとまとめた）．「個々の要因の影響度を，どのように統計量に表現して活用していくか」について，まずは，t 値・F 値・p 値のなかから代表して，t 値を用いて説明する．

t 値は，以下の式で求められる（V は不偏分散）．

$$|t_0| = \frac{|\beta_i|}{\sqrt{\frac{V}{n}}}$$

記号で見るととてもわかりがたいが，| | は絶対値の記号で，β が ± 両方で求まるため，その両方を表現するためについている．この式をわかりやすく，以下のように表現すると，「回帰係数」と「標準誤差」という統計量で，個々の要因の影響度を見ていることがわかる．

$$t \text{ 値} = \frac{\text{回帰係数}}{\text{標準誤差}}$$

「回帰係数」は，二次元で考えると，単回帰分析で説明したように，回帰直線の傾きであり，傾き（回帰係数）が大きいほど，目的変数への影響度が大きいことは，直感的に理解できる．

「標準誤差」は，回帰係数のばらつきを表した（推定した）統計量で，図 5.1 に示すように，「データ数を ∞ まで増やしていくと，元の回帰直線から，どの程度の幅で回帰直線の傾きが変化するか」を見たものである．よって，標準誤差が小さい場合は，データ数を ∞ まで増加させると，元の回帰直線の傾きから，それほど傾きは変化しないことを意味する．また，標準誤差が大きい場合は，データのとり方によっては，回帰直線の傾きが大きく変化することを意味する（図 5.2）．そのため，個々の要因の影響度を考察するためには，同じ傾きであ

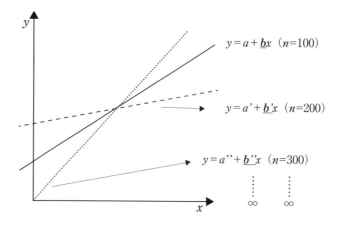

図 5.1　データ数が∞の回帰直線のイメージ

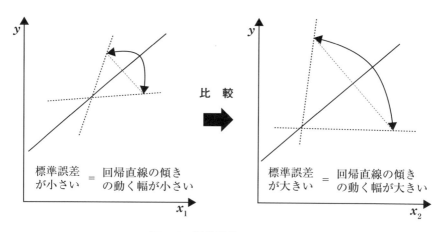

図 5.2　標準誤差のイメージ

れば，影響度の安定性という観点から，標準誤差が小さいほうがよい．

　以上のことから，「回帰係数が大きいほど，目的変数への影響度が高く，標準誤差が小さいほど，求めた影響度の安定性が高い」といえることから，その比率をとった t 値は，「絶対値の高い順に，目的変数への影響度および重要度が高い」と判断できる(回帰係数は，±両方で求まるため，絶対値をつけた表現になる)．

5.2 重回帰分析(多変数の要因を分析する手法Ⅰ)

次に,「回帰係数のばらつき(標準誤差)は,どのような考え方で求められているか」を解説する.本来は,ある説明変数 x_1 が,目的変数 y に影響を与えていることを導出したいが,∞までデータを集めていないため,∞の世界でのことを導出することは難しい.そこで,「影響を与えない」という逆のことからアプローチして,「影響を与えないとはいえない」ということを導出することで,否定の否定から,「影響を与えている」ということを判断していく.

ある説明変数 x_1 が,目的変数 y に影響を与えないということを図解すると,図 5.3 に示すように,回帰係数が 0 になると,y が一定の値になり,y に影響を与えない状態となる.つまり,∞の世界で回帰係数の平均値が 0 になるか(∞の世界では,回帰係数は複数存在するので,回帰係数の平均値を求めることができる)を検定すれば,「∞の世界で目的変数に「影響を与えない」かどうか」の判断ができる.

平均値の検定は,t 検定であり,検定の公式に従って,t 統計量と p 値を求め,仮説($\hat{\beta_i} = 0$ である)の検定を行う.ここで求める t 統計量が,今まで解説してきた,以下の t 値である.

$$|t_0| = \frac{|\beta_i|}{\sqrt{\dfrac{V}{n}}} = \frac{\text{回帰係数の母平均}}{\text{標準誤差}}$$

最後に,偏相関係数の統計量を解説する.偏相関とは,他の変数の影響を極力カットした,純粋な意味での二変数間の相関関係のことである.実は相関には,他の変数が影響し,見かけ上のおかしな相関関係が生ずる場合がある.

例えば,血圧と収入の相関を調べると,図 5.4 に示すように強い相関関係が発見される.このおかしな相関関係は,年齢という要素が,血圧と収入の両方に相関関係をもつため,相関関係のない「血圧と収入」の間にも,おかしな相関関係が生まれてしまう.そこで,本来の血圧と収入の相関関係を見るために,血圧と収入から年齢の影響を差し引いた,純粋な意味での血圧と収入の二変数間の相関関係である,「偏相関」が考えられるようになったのである.

図 5.5 に示すように,血圧と年齢,収入と年齢で回帰分析を行い,残差を求

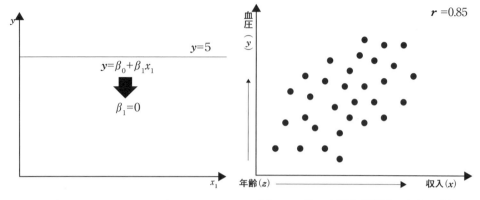

図5.3 各要因が目的変数に影響しない場合　　図5.4 他の変数が影響する相関関係

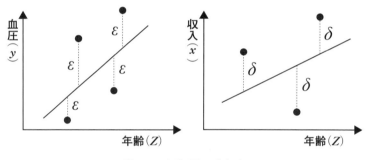

図5.5 偏相関の考え方

める．ここで求まった残差は，ε は年齢では血圧を説明できない部分，δ は年齢では収入を説明できない部分であり，言い換えれば，ε は血圧から年齢の影響を差し引いた部分，δ は収入から年齢の影響を差し引いた部分と捉えることができる．そのため，ε と δ の二変数間の相関係数を求めれば，血圧と収入から年齢の影響を差し引いた，純粋な意味での血圧と収入の二変数間の相関関係を見ることができる．これが偏相関係数である．

　この偏相関係数を，重回帰分析での説明変数の影響度を見る統計量にしている．つまり，他の説明変数の影響を差し引いた，純粋な意味での目的変数との二変数間の相関を見るので，「偏相関係数が±1に近い順に，目的変数への影響度および重要度が高い」と判断できる．

(5) まとめ

重回帰分析に関する統計量はさまざま存在する．そのなかで，表5.2に示す統計量を中心にして分析結果を読み取ると，基本的な分析は十分にできる．そこで，表5.2を用いて前述してきた統計量をどのように読み取っていくか，分析プロセスの流れに沿って解説する．

表5.2は，「総合的にこの商品が好き」を目的変数，「ライフスタイルに合う」から「格好よい」までを説明変数として，重回帰分析したものである．この分析に用いたデータは，ある自動車について，「ライフスタイルに合う」から「格好よい」までのイメージ評価と，「総合的にこの商品が好き」の選好評価を5段階評価(5にいくほど評価が高いことを意味する)してもらったものである．さらに目的変数と説明変数との相関係数も一覧に加えている．

まずモデルの適正をチェックするために，目的変数と説明変数の相関係数の符号と，回帰係数の符号との一致を確認する．表5.2の結果は，相関係数の符号と回帰係数の符号が一致しており，適正なモデルであると判断できる．次にモデルの元データとの適合性を評価するために寄与率の値を見ると，81.3%あり，当てはまりのよいモデルと評価できる．よって，このモデルを用いて，

表5.2 重回帰分析のアウトプット

相関係数	説明変数	回帰係数	t値	p値	検定	寄与率
0.824	ライフスタイルに合う	0.718	5.456	0.0000	**	0.813
0.739	ワクワクする	0.513	4.186	0.0002	**	
0.133	豪華である	0.174	1.217	0.2315		
0.327	個性的である	0.207	1.537	0.1204		
0.418	室内が広い	0.308	2.031	0.0264	*	
0.245	荷室が広い	0.299	2.008	0.0341	*	
0.472	乗り心地がよい	0.319	2.203	0.0148	*	
0.204	若者向きである	0.221	1.933	0.0611		
0.772	格好よい	0.393	5.339	0.0000	**	
	定数項	0.049				

目的変数(総合的にこの商品が好き)に影響する選好要因の分析を行っていく.

重回帰モデル式は,以下のように表現できる.

$$y(好き) = 0.049 + 0.718x_1(ライフスタイルに合う) + 0.513x_2(ワクワクする) + \cdots + 0.393x_{10}(格好よい)$$

t値の絶対値の高い順に,「ライフスタイルに合う」「格好よい」「ワクワクする」…の要因が,「総合的にこの商品が好き」に影響していると読み取れる.

またp値より,データ数が∞まで増加した場合,p値< 0.01である「ライフスタイルに合う」「格好よい」「ワクワクする」が,目的変数に強く影響し,p値< 0.05である「乗り心地がよい」「室内が広い」「荷室が広い」が影響すると推測できる.これは,仮説「$\hat{\beta}_i = 0$」を有意水準1%と5%で検定した結果であり,p値< 0.05(5%有意)ならこの仮説を否定し($\hat{\beta}_i = 0$とはいえない),p値< 0.01(1%有意)ならこの仮説を強く否定することを意味している.

5.2.4 重回帰分析モデルの精度評価

(1) 説明変数の変数選択

重回帰分析のモデルを精度評価する場合,基本となるのが,「少ない説明変数で,目的変数を説明できる寄与率の高いモデルになっているか」である.なぜなら,説明変数が多いモデルでは,その分析結果を活用する場合,目的変数に影響を与えない説明変数まで使用することになる(寄与率は,モデルに取り入れた全ての説明変数を用いての適合度を表す)からである.また,多くの説明変数をモデルに取り入れるということは,多重共線性を起こすリスクを高めることにもなる(想定できない,説明変数同士の関連性も存在するから).そのため,重回帰分析の結果から,適切な要因の絞り込みを行ったり,予測モデルとして使用するためには,目的変数に影響する説明変数を選択していく必要がある.

この説明変数を選択していく方法は,さまざま存在する.ここでは,「変数増加法」「変数減少法」「変数増減法」の3つの代表的な方法を解説する.これらの方法は,個々の変数の影響度を見る「F値,t値,p値」に設定値を与え,その設定値の条件を満たす変数を,コンピュータに計算させて,自動的に導出

5.2 重回帰分析(多変数の要因を分析する手法Ⅰ)

させるものである．ここでは F 値に設定値を与えるもので解説していく(t 値の場合は，±両方での設定値が必要であるが，F 値の場合は1つで済むため)．なお F 値は，4.5節で解説した分散分析の分散比と同じである．

変数増加法は，設定値を「F 値 = 2.0(これを変数取り込み基準とよび，F_{in} と記号で表す)」，条件を「F 値が2.0以上の変数をモデルに取り入れる(F 値2.0以上を確率(p 値)で表現すると，データ数が∞のとき，p 値< 0.05 を意味する)」として，全ての変数の組合せについて，F 値を求める反復計算を行い，この条件を満たす変数でのモデルを構築する方法である．

今 $x_1 \sim x_5$ までの説明変数があると仮定し，以下のように目的変数との単回帰分析を，全ての説明変数で作成し，F 値2.0以上のものを求める．

$$y = \beta_0 + \beta_1 x_1 \rightarrow F_1 値 = 0.4 \qquad y = \beta_0 + \beta_2 x_2 \rightarrow F_2 値 = \underline{2.2}$$
$$y = \beta_0 + \beta_3 x_3 \rightarrow F_3 値 = \underline{2.3} \qquad y = \beta_0 + \beta_4 x_4 \rightarrow F_4 値 = 0.6$$
$$y = \beta_0 + \beta_5 x_5 \rightarrow F_5 値 = \underline{2.0} \qquad F_3 値 \rightarrow \text{MAX}$$

$F_3 \geqq F_2 \geqq F_5 \geqq 2.0$ となり，x_3 の F 値が最も高く，最初に x_3 をモデルの変数に取り込む．

次に x_3 を取り入れたモデルに，残りの説明変数を取り入れたモデルを作成し，同様に F 値2.0以上のものを求める．

$$y = \beta_0 + \beta_3 x_3 + \beta_1 x_1 \qquad y = \beta_0 + \beta_3 x_3 + \beta_2 x_2$$
$$y = \beta_0 + \beta_3 x_3 + \beta_4 x_4 \qquad y = \beta_0 + \beta_3 x_3 + \beta_5 x_5$$

もし x_2 の F 値が2.0以上で最も高かったとすると，次に x_2 をモデルに取り入れる．そして x_3 と x_2 を取り入れたモデルに，残りの x_1，x_4，x_5 を取り入れたモデルを作成し，同様に F 値が2.0以上のものを求めるという反復計算を行っていく．ここでもし，F 値が2.0以上の変数がなかった場合には，取り入れる変数がないということで，$y = \beta_0 + \beta_2 x_2 + \beta_3 x_3$ が，設定条件を満たすモデルとして，アウトプットされ，計算は完了する．

このようにシンプルな考え方であり，とてもわかりやすいが，変数取り込み基準しか設定していないことから，モデルに取り込みが終了した変数については，何の条件も設定していないため，目的変数に影響しない変数が残る可能性もある．

次に変数減少法は，設定値を「F値 = 2.0(これを変数除去基準とよび，F_{out}と記号で表す)」，条件を「F値が 2.0 以下の変数をモデルから除去する」として，全ての変数の組合せについて，F値を求める反復計算を行い，この条件を満たす変数でのモデルを構築する方法である．変数増加法とは逆の，モデルから影響しない変数を外していくという考え方である．ただし，変数減少法も，変数除去基準しか設定していないことから，モデルから一度除去された変数については，取り込み条件を設定していないため，目的変数に影響する変数が，モデルに取り込まれていない可能性もある．

最後に，変数増加法および変数減少法の問題点を解決した，変数増減法を解説する．変数増減法は，変数取り込み基準(F_{in} = 2.0)，変数除去基準(F_{out} = 2.0)の両方を設定し，モデルの外にある変数から F 値が 2.0 以上の変数を取り入れる反復計算と，モデルの中に取り入れた変数から F 値が 2.0 以下の変数を除去する反復計算の両方を行い，この条件を満たす変数でのモデルを構築する方法である．かなり複雑な F 値の反復計算になってしまうが，現代のコンピュータの性能では，ほぼ数秒程度でこれらの計算はでき，これで目的変数に影響する変数を，確実にとりこぼしなく選択することができる．

このように，説明変数の選択を行うことで，多重共線性はなくなるが，まれに，モデルに残った変数同士で，1 次の線形関係が強い場合もある．もし 1 次の線形関係の強い説明変数で要因分析を行いたい場合は，主成分分析や因子分析で説明変数を新しい変数に変換したうえで，要因分析を行う方法も活用するとよい(**5.4 節**を参照)．

(2) 残差の分析

重回帰分析を行っても，必ず寄与率が 0.7～0.8 程度以上のモデルが導出されるとは限らない．そして寄与率が低いモデルは，そのモデルで分析することを推奨しないので，これ以上分析を進めることができない．このとき，目的変数に影響しない説明変数ばかりを取り上げたことで，寄与率が低くなってしまったのであれば，説明変数の再考から始めるべきである．しかし，さまざま

5.2 重回帰分析(多変数の要因を分析する手法Ⅰ)

な原因によって，本来寄与率が高いモデルであるのに，低いモデルとして導出される場合もある．このようなときに役立つのが残差の分析である．

残差とは，実測値から予測値を引いた値 $(y_i - \hat{y}_i)$ であり，この残差の2乗の合計が最小になるように，重回帰モデル式は求められている．よって，寄与率が低い(元データに適合していない)モデルは，実測値と予測値との関係や残差のなかに，何かしらの寄与率を下げる原因が存在していると考えられる．そのため，これらの残差を分析し，寄与率を下げる原因を特定し，原因を取り除くことで，寄与率の高いモデルに生成させることができる場合もある．

まず，実測値と予測値の関係について見ていく．実測値と予測値がほぼ同じ値になると，寄与率は高い(元データに適合している)モデルになる．この関係を考察するため，実測値と予測値の散布図を活用する．**図 5.6** に示すように，45度ライン上に全ての点(データ)が並ぶとき，寄与率は1(実測値と予測値は全て同じ)になることが，この散布図からわかる．

このように実測値と予測値の散布図を描くことで，**図 5.6** に示すように，本来は，寄与率が高い(45度ライン上にほとんどの点が並ぶ)モデルであるのに，45度ラインから極端に離れるデータが数個存在することで，45度ラインの関係(実測値＝予測値)が崩されてしまうことがよくわかる．そこで，このようなデータが存在した場合は，異常値らしきサンプルと考え，この異常値らしきサンプルと他のサンプルに大きな傾向の違いがないか，調査票の全ての回答データを比較分析するとよい．そこで，異常値らしきサンプルが，他のサンプルと

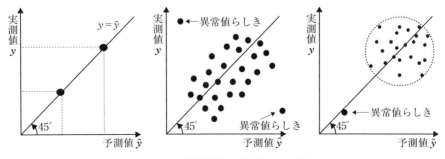

図 5.6　実測値と予測値との関係

比較して，いくつかの回答(例えば，ある自動車への関心度やライフスタイルなど)で，大きな傾向の違いが確認された場合，異常値らしきサンプルを分析するデータから外し，重回帰分析を再度行うと，本来の高い寄与率のモデルになる．また，45度ライン上にデータがある場合も，図5.6に示すように，全体のデータから離れている場合は，これも異常値らしきサンプルと捉えるべきである．このサンプルを外した場合は，逆に寄与率が下がるが，元データに適合していないモデルを使用するという誤用は避けられる．

次に残差について検討する．残差は，「互いに独立で，平均0の正規分布に従って現れるデータである」という条件を定義して，重回帰モデル式が作成されている．この条件に合わないものも，寄与率が低いモデルとなってしまう．そこで，この条件への適合を考察するため，残差の折れ線グラフおよびヒストグラムを活用する．

残差は0に近いほど，実測値と予測値の値は近くなるから，残差の折れ線グラフを描いた場合，できるだけ0付近をランダムに変動する折れ線として描けるとよい．図5.7に示すように，折れ線の変動が傾向や周期性を表していると注意が必要である．このようなデータは，残差のヒストグラムを描くと，図5.8のようになることが多い．つまり，異なる傾向をもつ集団を同時に分析すると，このようなことが起きる．例えば，男性と女性で選好の評価が異なる(男性には評価が高いが，女性には評価が低いなど)とき，残差のヒストグラム

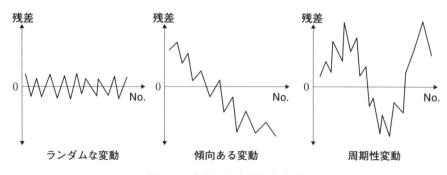

図5.7　残差のさまざまな変動

5.2 重回帰分析(多変数の要因を分析する手法Ⅰ)

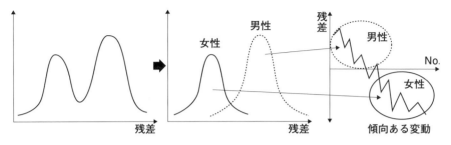

図 5.8 傾向のある残差

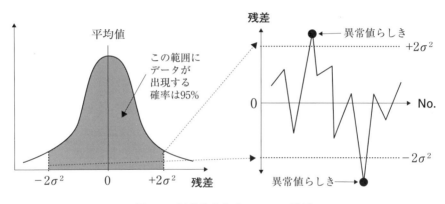

図 5.9 異常値らしきデータの発見

や折れ線グラフを男女で層別して描くと，**図 5.8**のようになる．男女に分けたデータで見ると，残差のヒストグラムは，正規分布の形に近づき，折れ線グラフも大きな傾向がなくなっている．このような傾向の異なる集団が発見できた場合，各集団にデータを分けたうえで，重回帰分析を再度行うと，寄与率の高いモデルになる．

正規分布の特徴を活用すると，残差の標準偏差の±2倍を超えるエリア(確率5%以下)に出現するデータは，全体(標準偏差の±2倍の範囲内)の傾向とは異なるデータ(サンプル)と捉えることもできる(**図 5.9**)．そこで，残差の折れ線グラフに，残差の標準偏差の±2倍のラインを入れることで，このラインを超えるデータは異常値らしきサンプルと考えることができ，実測値と予測値

の散布図で，異常値の検討を行ったのと同様の分析ができるようになる．

以上のように，変数選択や残差の分析などの重回帰モデルの精度評価を行い，少ない説明変数で，目的変数を説明できる，寄与率の高いモデルに仕上げることが，分析結果の有効性を高めることに繋がる．特に，重回帰モデルを予測モデルとして活用したい場合は，重回帰分析モデルの精度評価が肝要になる．

5.2.5 重回帰分析の応用（質的変数を含んだ混合モデル）

重回帰分析は，変数の型が目的変数と説明変数とも量的変数での要因分析手法である．しかし，説明変数に質的変数を取り上げて，要因分析を行いたい場合も生ずる．例えば，会社員，自営業，アルバイトなどの職業の違いによる総合評価（目的変数）への影響を分析してみたい場合，職業は質的変数になり，重回帰分析の型に当てはまらなくなる．このように，重回帰分析の説明変数に質的変数を取り入れて分析したい場合，以下のような操作を行うと，重回帰分析の解法を用いて，そのまま分析できるようになる．

例えば，先ほどの職業を説明変数としてモデル式を考える．このとき，量的変数と同様に職業を1つの変数 (x_1) と考えると，x_1 にかかる重み β_1 は，会社員の影響を表す重みであるのか，自営業の影響を表す重みであるのか，判断がつかなくなる．そこで，以下のような，0と1の値をとる変数（ダミー変数とよばれることが多い）を作成し，重回帰モデル式を考える．

$$y = \beta_0 + \beta_1 x_1 + \beta_2 x_2 + \beta_3 x_3$$

- $\beta_0 \rightarrow \bar{y}$ 全体平均
- $\beta_1 x_1$：会社員なら1，それ以外なら0
- $\beta_2 x_2$：自営業なら1，それ以外なら0
- $\beta_3 x_3$：アルバイトなら1，それ以外なら0

このモデルでは，総合評価の平均値 ($\bar{y}$) に，会社員の効果 β_1，自営業の効果 β_2，アルバイトの効果 β_3 が，それぞれ適切に加算され，総合評価 (y) が計算される1次の線形モデル式で表せる（会社員のデータ：$y = \beta_0 + \beta_1$，自営業の

5.2 重回帰分析(多変数の要因を分析する手法Ⅰ)

データ：$y = \beta_0 + \beta_2$，アルバイトのデータ：$y = \beta_0 + \beta_3$)．この式に元データを当てはめ，このモデルで説明できない残差が最小になるように，$\beta_0 \sim \beta_3$を求めれば，このモデル式を活用できる．つまり重回帰分析の解法で，このモデル式を求めることができる．

ただし，このモデル式の説明変数は，$x_1 + x_2 + x_3 = 1$という線形関係が存在し，多重共線性のため，回帰係数を求めることができない．そこで，この多重共線性を解消するため，$x_1 \sim x_3$のどこかの項を消す操作を行う．ここでは，x_1の項を消すため，$x_1 = 1 - x_2 - x_3$を先ほどの式に代入して整理すると，以下のように変形される．

$$y = (\beta_0 + \beta_1) + (\beta_2 - \beta_1)x_2 + (\beta_3 - \beta_1)x_3$$

この式では，定数項が，総合評価の平均値β_0に，会社員の効果β_1が加算されたものになり，x_2の項では「自営業の効果-会社員の効果」，x_3の項では「アルバイトの効果-会社員の効果」になっている．つまり，会社員の効果を基準にして，会社員の効果から見た自営業の効果，会社員の効果から見たアルバイトの効果という，効果の差から各効果を推定しようとするモデルになっている．さらにこの式を，$\beta_0 + \beta_1 = \gamma_0$，$\beta_2 - \beta_1 = \gamma_1$，$\beta_3 - \beta_1 = \gamma_2$，$x_2 = z_1$，$x_3 = z_2$とおくと，以下の式になる．

$$y = \gamma_0 + \gamma_1 z_1 + \gamma_2 z_2$$

この式で作成したダミー変数z_1とz_2は，会社員のデータが$z_1 = z_2 = 0$，自営業のデータは$z_1 = 1$，$z_2 = 0$，アルバイトのデータは$z_1 = 0$，$z_2 = 1$と表現され，説明変数は$z_1 + z_2 = 1$とはならず，多重共線性が解消できている．よって，この式を用いて，元データを当てはめ，$\Sigma e^2 = \{y - (\gamma_0 + \gamma_1 z_1 + \gamma_2 z_2)\}^2$が最小になるように，$\gamma_0 \sim \gamma_2$を求めるという重回帰分析の解法が使用できるようになる．

このような質的変数を説明変数に取り入れて，重回帰分析を行うと，**表5.3**に示す分析結果が得られる．この分析では，アルバイトの効果を基準にし，ダミー変数$z_1 = z_2 = 0$とした．よって，アルバイトの効果から見た会社員の効果を$z_1 = 1$，$z_2 = 0$，アルバイトの効果から見た自営業の効果を$z_1 = 0$，$z_2 = 1$のダミー変数で表し，「ライフスタイルに合う」のイメージ評価(5段階評価)と，

表5.3 質的変数を混合した重回帰分析のアウトプット

説明変数		回帰係数	t 値	p 値	検定	寄与率
ライフスタイルに合う		0.831	2.755	0.019	＊	0.890
職業	アルバイトの効果から見た会社員の効果	1.976	2.058	0.064		
	アルバイトの効果から見た自営業の効果	6.921	6.456	0.000	＊＊	
	定数項	0.185				

z_1 と z_2 を説明変数,「総合的にこの商品が好き(5段階評価)」を目的変数として,量的変数と質的変数の混合型の重回帰分析を行っている.

分析結果の読み取り方は,従来の重回帰分析と同様で,まずは,モデルの適正チェックと適合度の評価を行う.表5.3の結果は,回帰係数の符号も一致しており,寄与率も高いモデルであることから,このモデルを用いて,目的変数に影響する要因の分析を行っていく.

重回帰モデル式は,以下のように表現できる.

$$y(好き) = 0.185 + 0.831 x_1 (ライフスタイルに合う) + \begin{cases} 0 & (アルバイト) \\ 1.976 & (会社員) \\ 6.921 & (自営業) \end{cases} 職業 \; x_2$$

職業の説明変数は,基準に置いたアルバイトの効果の回帰係数を0とし,各効果の差の回帰係数をそれぞれ縦に並べると,モデル式として活用しやすくなる.注意する点は,作成したダミー変数は,1セットで用いることが必要で,どれか1つでもないと,職業という変数を表現できなくなることである.そのため,もし変数選択でダミー変数の1つが落とされた(例えば,アルバイトの効果から見た会社員の効果の変数が取り込まれなかった)場合,落とされたダミー変数をモデルに取り入れる操作が必要である.

個々の変数の影響度を見る場合,質的変数は,ダミー変数を作成するとき,

「どこを0の基準にするか」によって，求まるt値が変わるため(寄与率は全て同じになる)，ダミー変数のなかで最も高いt値を用いて，意思決定を行えばよい(p値の場合も同様)．表5.3の結果で見ると，職業の変数のt値は，ダミー変数のなかで最も高い6.456で，「ライフスタイルに合う」のt値は2.755になり，職業のほうが目的変数(総合的に「この商品が好き」)に影響していると読み取れる．

以上をまとめると，K分類の質的変数を重回帰分析の説明変数に取り入れ，分析するためには，K-1個のダミー変数(どこかに基準を設定し，その基準を0としたダミー変数)を作成し，そのダミー変数を説明変数として用いればよい．このことで，重回帰分析と同様の分析ができ，変数選択や残差の分析など，重回帰分析モデルの精度評価も同様に行える．

5.3 数量化Ⅰ類(多変数の要因を分析する手法Ⅱ)

5.3.1 数量化Ⅰ類と重回帰分析の違い

数量化Ⅰ類は，目的変数が量的変数，説明変数が質的変数の場合に行われる要因分析手法である．ただし，5.2.5項の重回帰分析の応用で解説したように，質的変数をダミー変数として作成すると，重回帰分析できる．詳しくは5.3.2項で解説するが，数量化Ⅰ類モデルの考え方と重回帰分析モデルの考え方は同じである．そのため，両分析手法の使い分けに若干の迷いが生じてしまう．

数量化Ⅰ類は，説明変数が全て質的変数である要因分析に特化したものと捉えるとよい．そのため，初めからダミー変数を想定した解法プロセスであるため，分析者がダミー変数を作成する必要はない．しかし，質的変数に特化した分，量的変数と質的変数を混合した要因分析はできない．説明変数が全て質的変数の場合は数量化Ⅰ類，説明変数が量的・質的変数の両方の場合は，重回帰分析と使い分けるとよい．

数量化Ⅰ類と重回帰分析の大きな違いが現れるところは，モデルに用いる用語である．表5.4に，数量化Ⅰ類と重回帰分析の用語の違いをまとめたので，

表 5.4 数量化 I 類と重回帰分析の用語の対応表

	y	x	β
数量化 I 類	外的基準	アイテム（カテゴリー）	カテゴリー数量
重回帰分析	目的変数	説明変数	回帰係数

各分析で対応できるようにしておくと，混乱がなくなる．なお，各アイテム内で分類されたものを，カテゴリーとよぶ．

5.3.2 数量化 I 類モデルの考え方

数量化 I 類モデルの考え方は，**5.2.5 項**の重回帰分析の応用で解説したものと同じであるが，異なる点もある．重回帰分析では効果の差から各効果を推定していたが，数量化 I 類では各効果を直接推定するところまで行う．重回帰分析の応用で解説した例を出すと，重回帰分析では $y = \gamma_0 + \gamma_1 z_1 + \gamma_2 z_2$ をモデル式として導出したが，数量化 I 類では $y = \beta_0 + \beta_1 x_1 + \beta_2 x_2 + \beta_3 x_3$ をモデル式として導出する．そのため，重回帰分析の応用で解説した部分の後に，追加のプロセスが加わることになる．

重回帰分析の応用では，$\Sigma e^2 = \{y - (\gamma_0 + \gamma_1 z_1 + \gamma_2 z_2)\}^2$ によって，$\gamma_0 \sim \gamma_2$ が求まるところまでを解説した．数量化 I 類では，ここから求まった $\gamma_0 \sim \gamma_2$ を用いて，$\beta_0 \sim \beta_3$ を求めていく．$\beta_0 + \beta_1 = \gamma_0$，$\beta_2 - \beta_1 = \gamma_1$，$\beta_3 - \beta_1 = \gamma_2$ であるから，一見，$\gamma_0 \sim \gamma_2$ が求まると，$\beta_0 \sim \beta_3$ が求められるように感じるが，未知数と未知数で構成された方程式の数が一致しないため，連立方程式を解くことができない（未知数である β の数は 4 つで，β で構成される方程式の数は 3 つである）．

そこで，数量化 I 類では，「各アイテム内のカテゴリー数量の平均が 0 になるように，カテゴリー数量の規準化を行う（規準化しても内容は変わらない）」という条件をつけることで，$\beta_1 n_1 + \beta_2 n_2 + \beta_3 n_3 = 0$ の未知数で構成された方程式を増やす操作を行う．このことで，$\beta_0 \sim \beta_3$ を求め，各効果を直接推定したモデルで分析を行っていくのが，数量化 I 類である．

5.3.3 数量化Ⅰ類の分析結果の読み取り方

(1) モデルの適正チェック

　数量化Ⅰ類の場合も，説明変数同士の関連が強くなると，本来のあるべきモデルとは異なるモデルが導出されてしまう．そのため，説明変数同士の関連が強く現れていないか，チェックを行う必要がある．数量化Ⅰ類の場合は，説明変数が全て質的変数であるため，説明変数同士のクロス集計(分割表)を作成し，χ^2検定を行うとよい．もしχ^2値の高いものがあれば，説明変数の選択を行い，再度数量化Ⅰ類を行うとよい．

(2) モデルの適合度

　数量化Ⅰ類でも予測値が求められるため，重回帰分析と同様の寄与率(R^2)を求めることができ，読み取り方や解釈の仕方も重回帰分析と同様である．

(3) モデル式

　数量化Ⅰ類によって求められたカテゴリー数量$\beta_0 \sim \beta_P$を，$y =$ の式で表現すると下式のようにモデル式ができる．

$$y(好き) = 2.81 + \begin{cases} -2.77x_1 (アルバイトなら1,それ以外0) \\ -0.28x_2 (会社員なら1,それ以外0) \\ 1.42x_3 (自営業なら1,それ以外0) \end{cases} + \begin{cases} -1.02x_4 (女性なら1,それ以外0) \\ 1.02x_5 (男性なら1,それ以外0) \end{cases}$$

〈全体平均〉　〈職業〉　〈性別〉

(4) 個々の要因の影響度

　数量化Ⅰ類のモデル式を考察すると，各アイテム内での「最大カテゴリー数量－最小カテゴリー数量」が，目的変数への影響度を表していることがわかる．例えば，上式で考えると，職業のアイテムは，最大カテゴリー数量(1.42)－最

小カテゴリー数量(− 2.77) = 4.19 で,「職業が自営業であるか,アルバイトであるか」によって,好きの評価(目的変数)が4.19も変化することがわかる.一方,性別のアイテムは,1.02 − (− 1.02) = 2.04 で,好きの評価の変化は2.04しかない.このことから,「職業のアイテムのほうが目的変数に影響している」と判断できる.

この「最大カテゴリー数量−最小カテゴリー数量」を「範囲」とよび,範囲の値の高い順に,「目的変数への影響度および重要度が高い」と判断できる.ただし,この範囲という統計量は相対尺度であり,比較対象があると数値の比較はできるが,「範囲がどの程度の値になると,目的変数に影響しているか」を判断することは難しい.

次に用いられる統計量が,偏相関係数である.これは重回帰分析で解説したものと同じで,「偏相関係数が±1に近い順に,目的変数への影響度および重要度が高い」と判断できる.偏相関係数は絶対尺度であるため,±1に近いかどうかで,目的変数に影響しているかを判断することができる.なお,説明変数の質的変数になっている各カテゴリーデータには,カテゴリー数量を当てはめ,それを数値データとして,偏相関係数を求めている.

(5) まとめ

数量化Ⅰ類に関する統計量はさまざま存在する.そのなかで,表5.5に示す統計量を中心にして,分析結果を読み取ると,基本的な分析は十分にできる.そこで,表5.5を用いて,「前述してきた統計量をどのように読み取っていくか」について分析プロセスの流れに沿って解説する.

表5.5は,「総合的にこの商品が好き(5段階評価)」を目的変数,「職業」から「年代」までを説明変数として,数量化Ⅰ類で分析したものである.職業は「アルバイト」「会社員」「自営業」,性別は「男性」「女性」,年代は「20代」「30代」「40代」の各カテゴリーに分類された質的変数である.

モデルの適合性を評価するために,寄与率の値を見ると,80.2%あり,当てはまりの良いモデルと評価できる.よって,このモデルを用いて,目的変数

5.3 数量化Ⅰ類(多変数の要因を分析する手法Ⅱ)

表 5.5 数量化Ⅰ類のアウトプット

	カテゴリー	カテゴリー数量	-3 -2 -1 0 1 2 3	範囲	偏相関係数	寄与率
職業	アルバイト	-2.62				0.802
	会社員	1.19		3.84	0.857	
	自営業	1.22				
性別	男性	0.13				
	女性	-0.13		0.26	0.429	
年代	20代	-1.34				
	30代	0.02		3.27	0.813	
	40代	1.93				
定数項		2.71				

に影響する選好要因の分析を行っていく．

　個々の変数の影響度は，偏相関係数の値から，「職業」「年代」のアイテムが，偏相関係数＞0.8より，目的変数に影響していると読み取れる．また，範囲で見ると，目的変数への影響度の順序は，職業＞年代＞性別となっている．

　目的変数への各アイテム内のカテゴリーの影響度を見ると，「職業」のアイテムでは，「自営業」が好きの評価を高めるプラスの効果，「アルバイト」が好きの評価を下げるマイナスの効果であることがわかる．このことから，各アイテム内で最大カテゴリー数量をもつカテゴリーを組み合わせると，このモデルのなかでの最適水準が求められる．表5.5の結果からは，「自営業」「男性」「40代」の人が，この商品を最も高く評価(選好)することが推測される．

5.3.4 数量化Ⅰ類モデルの精度評価

(1) 説明変数の変数選択

　数量化Ⅰ類でも少ない説明変数で，目的変数を説明できる寄与率の高いモデルに仕上げることが，分析結果の有効性を高めることに繋がる．そして，重回

帰分析と同様に，変数増減法などの変数選択ができる．ただし，5.2.5項の重回帰分析の応用で解説したように，ダミー変数は1セットで用いることが必要なため，コンピュータの計算のみに任せて変数選択を行うと，1セットとなったダミー変数の条件を満たさないアイテムも出てくる可能性がある．そのため，数量化Ⅰ類では，重回帰分析のようなコンピュータによる変数選択を行わないことが多い．

(2) 残差の分析

実測値と予測値を数量化Ⅰ類でも求めることができるため，重回帰分析同様の残差の分析が数量化Ⅰ類でもできる．

5.3.5 数量化Ⅰ類の活用

(1) コンジョイント分析への活用

数量化Ⅰ類は，線形加法モデルのコンジョイント分析に活用されている．コンジョイント分析は，多数の要因を組み合せた商品について，商品全体の選好を尋ね，要因の影響度や最適な組合せを分析する手法で，コンセプトテスト調査などに用いられることが多い．多数の要因の組合せは，質的変数のカテゴリーで表現される．これを説明変数として，商品全体の選好を量的変数で得られれば，数量化Ⅰ類で要因の影響度や最適な組合せを分析することができる．

コンジョイント分析も，モデルに用いる用語が数量化Ⅰ類と異なるため，用語の対応(表5.6)をしておくと，専門書を読んでも理解がしやすくなる．

また分析結果は，図5.10に示すように，カテゴリー数量を折れ線グラフで表現することが多く，個々の変数の影響度は，範囲を用いて判断している．「どの要因がどの程度影響しているのか」をわかりやすく見るため，コンジョイント分析では，全要因での範囲の構成比率を求め，これを寄与率とよび，この統計量を活用し，個々の変数の影響度を分析している．

5.3 数量化Ⅰ類(多変数の要因を分析する手法Ⅱ)

表 5.6 数量化Ⅰ類とコンジョイント分析の用語の対応表

	目的変数	説明変数		回帰係数	影響度尺度
数量化Ⅰ類	外的基準	アイテム	カテゴリー	カテゴリー数量	範 囲
コンジョイント分析	全体効用	属 性	水 準	効用値	効 果

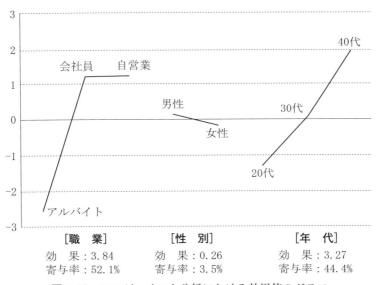

図 5.10 コンジョイント分析における効用値のグラフ

(2) CS ポートフォリオ分析への活用

数量化Ⅰ類は,CSポートフォリオ分析にも活用されている.まず,CSポートフォリオ分析のベースになる重要度―パフォーマンス分析を解説する.

重要度―パフォーマンス分析は,図 5.11 に示すように,各商品特性に関する満足度と重視度の評価を特性ごとに平均値をとり,二次元の図に表したものである.この図を用いることで,「不満項目となった各商品特性について,どの特性から改善すべきか」という優先順位を導出できるため,顧客満足度調査に用いられることが多い.図 5.11 に示したD領域は,重視度の高い領域でありながら,現在その特性は不満足と評価されている領域であるため,優先順位

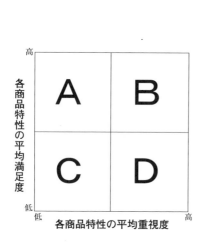

図 5.11 重要度—パフォーマンス分析

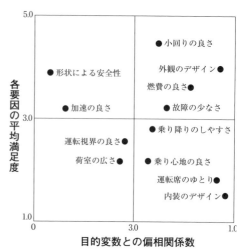

図 5.12 CS ポートフォリオ分析

の高い改善項目と判断することができる.

　この重要度—パフォーマンス分析の縦軸に,総合満足度に影響する各要因の平均満足度をとり,横軸に総合満足度との偏相関係数をとったものが,CSポートフォリオ分析である(**図 5.12**).重要度—パフォーマンス分析の横軸は,改善項目の優先順位を決定する重要な尺度になるため,CSポートフォリオ分析では,より科学的に重視度を導出しようと,要因分析における重視度(回帰係数やカテゴリー数量)を用いているのである.

　多くの顧客満足度調査で用いられているCSポートフォリオ分析では,総合満足度を目的変数,総合満足度に影響する各要因を説明変数として,数量化Ⅰ類の分析を行い,偏相関係数を導出している.顧客満足度調査では,各商品特性の満足度について,段階評価で尋ねることが多いが,この段階評価で得たデータを,縦軸では間隔尺度と捉え,量的変数にして平均値を求めているが,横軸になると,順序尺度と捉え,質的変数にしている.これは,目的変数との関係を分析する場合は,カテゴリーデータとして扱うほうが適切という考え方からである.さらに,偏相関係数は絶対尺度であり,1に近いかどうかで,目

的変数への影響度評価ができる．

図 5.12 の CS ポートフォリオ分析の結果を考察すると，「内装のデザイン」「運転席のゆとり」「乗り心地の良さ」は，目的変数への影響度が高い商品特性でありながら，現在満足度の平均が低い評価となっていることから，優先順位の高い改善項目と判断できる．また，達成すべき顧客の満足度レベルの目標・目的にもよるが，例えば，顧客の平均満足度の目標を 3.5 に設定している場合は「故障の少なさ」「燃費の良さ」が次の改善項目になると考えることができる．

5.4 因子分析（多変数の構造を分析する手法 I）

5.4.1 因子分析の概要

因子分析とは，多変数の観測データの裏に潜む共通した変数（これを共通した潜在因子とよび，以降共通因子と略記する）を，観測変数と共通因子との相関関係を手がかりに（このようなモデルを仮定）して，共通因子を導出し，導出した少数の共通因子を用いて，多変数の観測データの構造をわかりやすく分析するための方法である．

例えば，表 5.7 に示す複数の商品評価データ（全て 5 段階評価で，5 にいくほど評価が高い）を眺めた場合，各商品や各回答者がどのような評価を行っているか，多次元構造になったデータからは容易に判断がつかない．また，このデータを，商品ごとに，評価項目の平均値を求め，折れ線グラフを描いた図 5.13 を眺めても，変数が多いため，こちらも，各商品についてどのような評価がされているか，容易には判断がつかない．

このような多次元構造になったデータに対して，因子分析は，図 5.14，図 5.15 に示すように，「外観のデザイン」から「小回りの良さ」までの変数を，少数の共通因子（因子 1，因子 2 など）にまとめ，各商品や各回答者の位置を散布図の形で表現してくれる．例えば，因子 1 が「外観のデザイン」「内装のデザイン」の共通した「デザインの良さ」を表す共通因子，因子 2 が「運転席のゆとり」「荷室の広さ」「乗り心地の良さ」の共通した「居住性の良さ」を表す

表5.7 商品評価データの例

No.	商品名	外観のデザイン	内装のデザイン	運転席のゆとり	荷室の広さ	乗り心地の良さ	乗り降りのしやすさ	運転視界の良さ	小回りの良さ
回答者1	A商品	5	3	5	4	2	5	1	5
	B商品	4	2	3	5	1	3	2	2
	C商品	3	1	4	4	3	4	4	5
	D商品	5	2	3	4	5	3	1	3
	E商品	1	4	5	3	2	1	5	2
回答者2	A商品	5	3	1	5	5	2	3	4
	B商品	3	5	3	2	3	1	1	5
	C商品	4	5	2	5	5	2	5	2
	⋮	⋮	⋮	⋮	⋮	⋮	⋮	⋮	⋮
⋮	A商品	2	3	4	2	1	3	5	5
	B商品	3	1	3	5	4	5	3	4
	C商品	4	4	5	3	2	3	1	5
	⋮	⋮	⋮	⋮	⋮	⋮	⋮	⋮	⋮

共通因子,因子3が「乗り降りのしやすさ」「運転視界の良さ」「小回りの良さ」の共通した「使い勝手の良さ」を表す共通因子と導出された場合,**図5.14**からは「A商品は,デザインも居住性の良さも高く評価された商品であり,E・B商品は,デザインは良いが,居住性で低い評価がされている」と容易にデータの構造を理解できる.同様に,**図5.15**からは「各回答者がどのような評価を行っているか」も理解できる.

以上のように,因子分析は,観測データの多変数の情報量をできるだけ保ちながら,少ない共通因子にまとめ,2〜3次元の図に表現して,観測データの構造の全体像をわかりやすくしてくれる.そのため,多変数をマッピングする分析に用いられることが多い.

5.4 因子分析(多変数の構造を分析する手法Ⅰ)

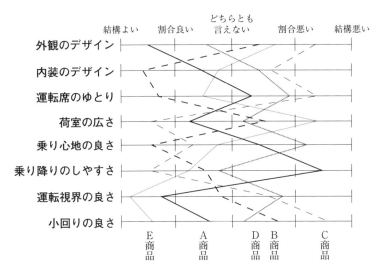

図5.13 商品評価の平均値グラフ(スネークプロット)

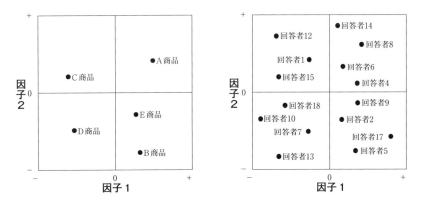

図5.14 商品別の因子分析マップ　　図5.15 回答者別の因子分析マップ

5.4.2 因子分析モデルの考え方

(1)因子分析モデルの構造

因子分析は,「多変数の観測データの裏に潜む,共通した変数が必ずある」という仮定からスタートし,その共通因子と観測データを1次の線形モデル式

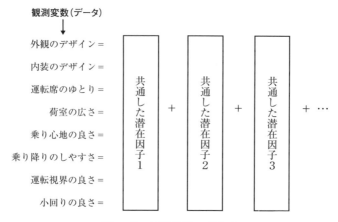

図 5.16 因子分析の考え方

に表し，そのモデル式を求めていくことで分析を進めていく．

「多変数の観測データの裏に潜む，共通した変数が必ずある」という考え方は，図 5.16 に示すように，「外観のデザイン」から「小回りの良さ」までの変数を用いて，各変数を「共通因子 1～p」に分解できるということを意味している．そこで，図 5.17 に示すように，1 次の線形モデル式(例えば，2 つの共通因子に分解できたと仮定したときのモデル式)を考えて，このようなモデル式で表す分解ができると仮定する(実際には，このモデル式のように分解できるかわからないが，できると仮定してモデルを作成する)．ただし，先にモデルを規定するので，このモデルでは元情報を説明できない部分も生ずる．それを独自因子とよぶ．

(2) 観測変数と共通因子の関係

観測変数を，この共通因子に分解できるということは，共通因子と観測変数との間に何かしらの関係があるからこそである．因子分析ではこの何かしらの関係に相関関係を用いている．つまり，共通因子と観測変数との間に強い相関関係が生まれるように，共通因子に分解していくのである．この相関関係が，因子負荷量 (a_{11} や a_{21} など) の統計量に表現され，共通因子と観測変数の関係性

5.4 因子分析（多変数の構造を分析する手法Ⅰ）

図 5.17　因子分析のモデル

を表してくれる．

観測変数と共通因子の相関関係が，因子負荷量に表れるモデルになっているのか，図 5.17 のモデルで解説していく．多変数だと複雑なので，1 つの変数について考察してみる．図 5.17 のモデルを一般式に置き換えると，以下のように表現できる（x_1 の変数を外観のデザインと考えると図 5.17 と対比できる）．

$$x_1 = a_{11} \times f_1 + a_{21} \times f_2 + e_1 \quad \cdots\cdots ②$$

観測変数 x_1 と共通因子 1（f_1）の相関係数が，共通因子 1 の因子負荷量 a_{11} に，さらに，観測変数 x_1 と共通因子 2（f_2）の相関係数が，共通因子 2 の因子負荷量 a_{21} に現れるためには，$r_{x_1 f_1} = a_{11}$ と $r_{x_1 f_2} = a_{21}$ となればよい．式で組み立てると，②式の左辺は以下のようになる．

$$r_{x_1 f_1} = \frac{\sqrt{\frac{1}{n}\Sigma(x_{1i} - \overline{x_1})(f_{1i} - \overline{f_1})}}{\sqrt{\frac{1}{n}\Sigma(x_{1i} - \overline{x_1})^2}\sqrt{\frac{1}{n}\Sigma(f_{1i} - \overline{f_1})^2}}$$

上式の計算を単純にするために，観測変数（x_1）も共通因子（f_1）も規準化するとよいことがわかる．例えば，変数 x_1 を変数 u に規準化すると，変数 u は平

均 0，標準偏差 1 になる．同様に共通因子も規準化された変数と考えると，変数 u と共通因子 $1(f_1)$ の相関係数は，$r_{uf_1} = \frac{1}{n}\Sigma uf_{1i}$ と簡単な式で表現できる．

このように，x_1 を u に置き換えた③式は，左辺が $\frac{1}{n}\Sigma f_{1i}$ 倍になっているので，右辺も $\frac{1}{n}\Sigma f_{1i}$ 倍すればよいことになる．

$$u = a_{11} \times f_1 + a_{21} \times f_2 + e_1 \quad \cdots\cdots ③$$

$$r_{uf_1} = \frac{1}{n}\Sigma f_{1i}u_i = a_{11} \times \frac{1}{n}\Sigma f_{1i}f_{1i} + a_{21} \times \frac{1}{n}\Sigma f_{1i}f_{2i} + \frac{1}{n}\Sigma f_{1i}e_{1i} \quad \cdots\cdots ④$$

こうして求まった④式で，「観測変数と共通因子 1 の相関係数＝共通因子 1 の因子負荷量」になるためには，つまり $r_{uf_1} = a_{11}$ の関係になるための「$\frac{1}{n}\Sigma f_{1i}f_{2i} = 0$（共通因子同士は無相関）」「$\frac{1}{n}\Sigma f_{1i}e_{1i} = 0$（共通因子と独自因子は無相関）」の条件を設定すればよいことになる（$\frac{1}{n}\Sigma f_{1i}^2$ は同じ変数同士の相関なので 1 になる）．この条件は，共通因子 2 以降や，観測変数の 2 番目以降の変数についても同様であり，以下の条件を加えることで，**図 5.17** に示すような因子分析モデルは，共通因子と観測変数の相関関係を，共通因子の因子負荷量として表現できることになる．

因子分析モデルの条件（直交モデル）は以下のとおりである．

- 元変数，共通因子とも規準化された変数である．
- 共通因子同士は全て無相関である．
- 共通因子と独自因子は無相関である．
- 独自因子同士は全て無相関である．

(3) 観測変数同士の関係と共通因子の関係

次に理解しなければならないことは，「因子分析は，多変数の情報を少数の変数にまとめて，少ない変数でデータ構造をわかりやすく説明できるようにすることを狙いにしている」ということである．つまり，この狙いを実現するためには，ただ因子分析モデルが作成できればよいのではなく，最初に発見される（考えられる）共通因子（共通因子 1 や共通因子 2 など）に，できるだけ多くの観測変数の情報が含まれる必要がある．では，「共通因子に，多くの観測変数

5.4 因子分析(多変数の構造を分析する手法Ⅰ) 195

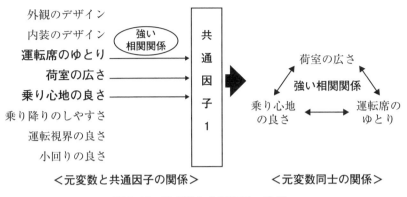

図 5.18 元変数と共通因子の関係

の情報が含まれる」とはどのようなことであるか．観測変数同士の関係について見ていく．

図 5.18 に示すように，共通因子 1 に多くの観測変数の情報が含まれるためには，多くの観測変数が共通因子 1 と強い相関関係になればよい．そして，多くの観測変数が共通因子 1 と強い相関関係にあるということは，多くの観測変数同士で強い相関関係になっているということでもある．

つまり，因子分析の解法を単純化すると，観測変数同士の相関関係(相関係数行列)を求め(ここからスタートし)，強い相関の大きい塊から順次，共通因子 1，共通因子 2…と，観測変数を各共通因子に配分し，共通因子 1 から順次，観測変数と共通因子の相関関係となる各因子負荷量を求めているのである．

よって次は，「観測変数同士の相関関係が，観測変数と共通因子との関係，つまり因子負荷量(で表現された式)と，どのように関連づけられているか」を理解すればよい．多変数は複雑になるので，二変数でこのことを説明していく．

(4) 観測変数同士の相関関係と因子負荷量の関係をモデル式でつなぐ

図 5.17 の例を用いて，x_1(外観のデザイン)と x_2(内装のデザイン)の相関関係と因子負荷量の関係を見ていく．

x_1 と x_2 の変数を規準化して，u と v の変数に変換する．

$$u_i = \frac{(x_{1i} - \bar{x_1})}{x_1 \text{の標準偏差}}, \quad v_i = \frac{(x_{2i} - \bar{x_2})}{x_2 \text{の標準偏差}}$$

u と v の変数の相関係数は，規準化されているので以下の式になる．

$$r_{uv} = \frac{1}{n} \Sigma u_i v_i$$

因子負荷量の式で表現されている因子分析モデルを，u_i と v_i で表現すると，以下の式になる．

$$u_i \quad = \quad a_{1u} \quad \times \quad f_{1i} \quad + \quad a_{2u} \quad \times \quad f_{2i} \quad + \quad e_{ui}$$

変数 u の回答者 i ＝ 変数 u の因子1 × 因子1の回答者 i 番目 ＋ 変数 u の因子2 × 因子2の回答者 i 番目 ＋ 変数 u の回答者 i 番目
番目のデータ 　の因子負荷量 　の共通因子得点 　の因子負荷量 　の共通因子得点 　の独自因子得点

$$v_i \quad = \quad a_{1v} \quad \times \quad f_{1i} \quad + \quad a_{2v} \quad \times \quad f_{2i} \quad + \quad e_{vi}$$

変数 v の回答者 i ＝ 変数 v の因子1 × 因子1の回答者 i 番目 ＋ 変数 v の因子2 × 因子2の回答者 i 番目 ＋ 変数 v の回答者 i 番目
番目のデータ 　の因子負荷量 　の共通因子得点 　の因子負荷量 　の共通因子得点 　の独自因子得点

これに，観測変数同士の相関 r_{uv} の式に上式を代入すると，以下の式になる．

$$r_{uv} = \frac{1}{n} \Sigma (a_{1u} \times f_{1i} + a_{2u} \times f_{2i} + e_{ui})(a_{1v} \times f_{1i} + a_{2v} \times f_{2i} + e_{vi})$$

$$= \frac{a_{1u} a_{1v}}{n} \Sigma f_{1i}^2 + \frac{a_{1u} a_{2v}}{n} \Sigma f_{1i} f_{2i} + \frac{a_{2u} a_{1v}}{n} \Sigma f_{2i} f_{1i} + \frac{a_{2u} a_{2v}}{n} \Sigma f_{2i}^2$$

$$+ \frac{a_{1u}}{n} \Sigma f_{1i} e_{vi} + \frac{a_{2u}}{n} \Sigma f_{2i} e_{vi} + \frac{a_{1v}}{n} \Sigma f_{1i} e_{ui} + \frac{a_{2v}}{n} \Sigma f_{2i} e_{ui} + \frac{1}{n} \Sigma e_{ui} e_{vi}$$

この式に「因子分析モデルの条件」を代入すると，以下の式になる．

$$r_{uv} = a_{1u} a_{1v} + a_{2u} a_{2v}$$

同様に，r_{vu}, r_{uu}, r_{vv} も求めると，以下のとおりになる．

$$r_{vu} = a_{1v} a_{1u} + a_{2v} a_{2u}$$

$$r_{uu} = \frac{1}{n} \Sigma u_i u_i = \frac{1}{n} \Sigma (a_{1u} \times f_{1i} + a_{2u} \times f_{2i} + e_{ui})^2$$

$$= \frac{a_{1u}^2}{n} \Sigma f_{1i}^2 + \frac{2 a_{1u} a_{2u}}{n} \Sigma f_{1i} f_{2i} + \frac{a_{2u}^2}{n} \Sigma f_{2i}^2 + \frac{2 a_{1u}}{n} \Sigma f_{1i} + \frac{2 a_{2u}}{n} \Sigma f_{2i}$$

$$+ \frac{1}{n} \Sigma e_{ui}^2$$

5.4 因子分析（多変数の構造を分析する手法Ⅰ）

$$= a_{1u}{}^2 + a_{2u}{}^2 + \frac{1}{n}\Sigma e_{ui}{}^2 = 1(同じ変数同士なので相関は1になる)$$

$$r_{vv} = \frac{1}{n}\Sigma v_i v_i = \frac{1}{n}\Sigma(a_{1v}\times f_{1i} + a_{2v}\times f_{2i} + e_{vi})^2$$

$$= \frac{a_{1v}{}^2}{n}\Sigma f_{1i}{}^2 + \frac{2a_{1v}a_{2v}}{n}\Sigma f_{1i}f_{2i} + \frac{a_{2v}{}^2}{n}\Sigma f_{2i}{}^2 + \frac{2a_{1v}}{n}\Sigma f_{1i} + \frac{2a_{2v}}{n}\Sigma f_{2i}$$

$$+ \frac{1}{n}\Sigma e_{vi}{}^2$$

$$= a_{1v}{}^2 + a_{2v}{}^2 + \frac{1}{n}\Sigma e_{vi}{}^2 = 1(同じ変数同士なので相関は1になる)$$

以上の式をまとめ，$\frac{1}{n}\Sigma e_{ui}{}^2 = d_u{}^2$，$\frac{1}{n}\Sigma e_{vi}{}^2 = d_v{}^2$として行列式で表すと，以下のようになる（$A'$は$A$の転置行列，$D$は定数となる独自因子の分散を対角成分にもつ行列を表す）．

$$R = \begin{bmatrix} r_{uu} & r_{uv} \\ r_{vu} & r_{vv} \end{bmatrix} = \begin{bmatrix} a_u{}^2 + a_{2u}{}^2 + d_u{}^2 & a_{1u}a_{1v} + a_{2u}a_{2v} \\ a_{1v}a_{1u} + a_{2v}a_{2u} & a_{1v}{}^2 + a_{2v}{}^2 + d_v{}^2 \end{bmatrix}$$

（相関係数行列）

$$= \begin{bmatrix} a_{1u}{}^2 + a_{2u}{}^2 & a_{1u}a_{1v} + a_{2u}a_{2v} \\ a_{1v}a_{1u} + a_{2v}a_{2u} & a_{1v}{}^2 + a_{2v}{}^2 \end{bmatrix} + \begin{bmatrix} d_u^2 & O \\ O & d_v^2 \end{bmatrix}$$

$$= \begin{bmatrix} a_{1u} & a_{2u} \\ a_{1v} & a_{2v} \end{bmatrix} \begin{bmatrix} a_{1u} & a_{1v} \\ a_{2u} & a_{2v} \end{bmatrix} + \begin{bmatrix} d_u^2 & O \\ O & d_v^2 \end{bmatrix}$$

$$R = A \quad \times \quad A' \quad + \quad D$$

このように変数uと変数vの相関関係を，変数uと共通因子$f_1\cdot f_2$，変数vと共通因子$f_1\cdot f_2$の相関関係として表現される因子負荷量（a_{1u}, a_{2u}, a_{1v}, a_{2v}）との式で，表すことができるようになる．そして，この式において，$a_{1u}{}^2 + a_{2u}{}^2 + d_u{}^2$と$a_{1v}{}^2 + a_{2v}{}^2 + d_v{}^2$が求められれば，因子負荷量を求めることができる．

(5) 因子負荷量を求める方法

$R = AA' + D$から因子負荷量を求める方法はさまざまあるが，代表的なものを表5.8に示す．

また，実際にはDが未知のため，左辺と右辺が同じになる解を求めること

表5.8 因子負荷量を推定する主な方法

方法名	内容
主因子法	共通因子1から順に，観測変数の情報量(同一因子内の因子負荷量の平方和)が最大になるように，因子負荷量を求めていく方法．
最小二乗法	$R = AA' + D$の左辺(観測データ)と右辺(モデルによって計算されたもの)の差の平方和が，最小になるように，因子負荷量を求めていく方法．
最尤法	正規分布を仮定して，「母集団の世界で，このモデルが観測データにどの程度当てはまっているか」を，尤度という統計量で表し，その尤度が最大になるように因子負荷量を求めていく方法．

はできない．そのため，Dの初期値(通常は$D=0$を用いることが多い)を代入し，求まった因子負荷量と合わせて，Rを計算し，D'を求める．そしてD'から再度，因子負荷量を求めるという反復計算を行い，左辺と右辺ができるだけ近似するような解を求めていく．通常は反復計算の誤差に基準値($\varepsilon <$ 0.00001)を設定し，その基準値を満たすまで反復計算を行う(これを共通性の反復推定とよぶ)．

(6) 主因子法の概要

因子分析の狙いは，少数の共通因子で観測データの構造を説明することである．そのためには，共通因子1から順に，多くの観測変数の情報が含まれる必要がある．よって，主因子法はこの狙いに沿った因子負荷量の推定方法といえる．では，「各共通因子内に，どれだけの観測変数の情報が含まれているか」を考察するために，どのような統計量を考えればよいのかを見ていく．

まず変数uの分散を求めてみる．uは規準化されているので以下の式になる．

$$\text{変数 } u \text{ の分散} = \frac{1}{n}\Sigma u_i^2 = a_{1u}^2 + a_{2u}^2 + \frac{1}{n}\Sigma e_{ui}^2 = 1$$

この式を以下のように言葉で置き換えると，変数uの分散をちょうど1(100%)とすると，変数uの分散量が「共通因子の因子負荷量の平方和」と

5.4 因子分析(多変数の構造を分析する手法Ⅰ)

「独自因子の分散」に分解できることを表している(平方和もばらつき量であるので，全てばらつき量の関係式で表現できている).

変数 u の分散 = 共通因子の因子負荷量の平方和 + 独自因子の分散 = 1

この式において，変数 u の分散量を観測変数 u の情報量と捉えると，「共通因子の因子負荷量の平方和」は，この因子分析モデルによって説明できる観測変数の情報量ともいえる(なぜこのように捉えることができるかは，「(8)ばらつき量に関する補足」を参照). よって，共通因子の「$a_{1u}^2 + a_{2u}^2$」の平方和は，「共通因子 $f_1 \cdot f_2$ を用いて，観測変数 u がどれだけ説明されているか」を表す量といえる. さらには，同一因子内の因子負荷量の平方和(図 5.19 の共通因子 1 でいうと「$a_{11}^2 + a_{12}^2 + a_{13}^2 + a_{14}^2 + a_{15}^2 + a_{16}^2 + a_{17}^2 + a_{18}^2$」)は，「外観のデザイン」から「小回りの良さ」までの 8 変数の情報量のうち，「どれだけの情報量が共通因子 1 内に含まれているか」を表してくれる統計量といえる.

以上をまとめると，「$R = AA' + D$」の関係式を満たしながら，共通因子 1 (全ての観測変数の分散のうち，共通因子 1 によって説明される分)の因子負荷量の平方和から最大になるように，因子負荷量を求めればよいことになる. この方法が主因子法である.

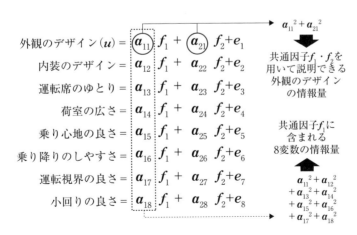

図 5.19 因子分析モデルにおける因子負荷量の平方和

(7) $A \times A'$の組合せを探す

最後の仕上げが，$R = AA' + D$の「$A \times A'$」を探すことである．実は，(6)までのプロセスで求めた因子負荷量は，あくまでも相関係数行列(R)を，2つの行列の掛け算($A \times A'$)で表現できる解を求めただけである．よって，ある値(R)を，ある値の掛け算($A \times A'$)で表現する組合せは無数に存在する．これを因子分析では，「解の不定性」とよぶ（軸の回転を行う証明で数学的に証明できる）．つまり簡約すると，(6)までのプロセスでは，観測変数をわかりやすく見るための形（観測データを位置づける空間）を決めただけで，「それ（求めた解）をどの角度から見る（どう識別する）か」は，まだ定まっていないと考えればよい（図 5.20）．そして，図 5.20 からわかるように，見る視点を変えても，因子分析モデルの共通性，独自性，適合度などは変わらないのである．

そこで，各因子軸をいろいろ回転してみて，「どの角度から見るとよいか」を分析する．図 5.21 に示すように，分析者にとっては，各共通因子が＋で高い数値になると，または－で高い数値になると，どの観測変数の情報を表すか

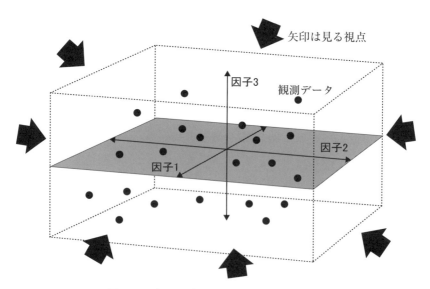

図 5.20 解の不定性のイメージ（三次元の場合）

5.4 因子分析(多変数の構造を分析する手法Ⅰ)

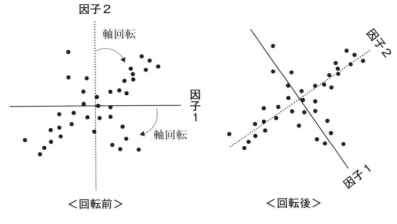

図 5.21 単純構造を得るための回転イメージ

がはっきりわかる「単純構造」になっているほうがよい．このような回転を手作業で分析者が探してもよいが，計算によって求める方法がさまざま存在する．ここでは，紙面の都合で，バリマックス回転法のみを解説するが，それ以外の方法を知りたい方は専門書を参照するとよい．

　バリマックス回転法とは，同一因子内の因子負荷量の分散の合計が最大になるように，回転する(新しい因子負荷量を求める)方法である．同一因子内の因子負荷量を，大きい値の因子負荷量はより大きく，小さい値の因子負荷量はより小さくなるようにするのが，バリマックス回転法である．このことで，同一因子内で，ある観測変数の因子負荷量は絶対値で高くなり，別のある観測変数の因子負荷量は絶対値で小さくなるので，「どの共通因子が，どの観測変数を表しているのか」が明確になり，各共通因子が，どの観測変数の情報をもっているか解釈しやすくなる(単純構造を得ると解釈もしやすくなるという考え方)．

(8) ばらつき量に関する補足

　共通因子の因子負荷量のばらつき量を，観測変数の情報量と捉えたが，「なぜそのように捉えられるのか」を解説していく．図 5.22 に示すように，x_1(外

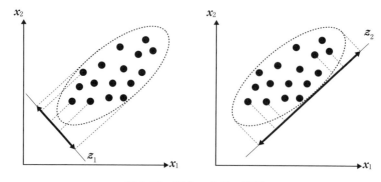

図 5.22 ばらつき量の情報

観のデザイン)と x_2(内装のデザイン)で表現されるデータがあると仮定する．全ての情報量は楕円で示した部分になる．この情報を別のある変数 z_1 で表すと，各データは z_1 軸上に垂直投影されるので，太線で表される部分が，z_1 変数で説明できる x_1 と x_2 の情報量である．同様に，この情報を z_2 変数で表すと，こちらも太線で表される部分が，x_1 と x_2 の情報量になる．「z_1 と z_2 のどちらのほうが，x_1 と x_2 の情報量を多くもっているか」を見る場合は，太線の長さの量で判断する．この観測変数の情報量が表される太線を統計量で考えると，z_1 や z_2 変数のばらつき量といえる(例えば，平方和や分散など)．よって，「共通因子が，観測変数の情報をできるだけ多くもっているかどうか」は，「観測変数全体のばらつき量を，できるだけ共通因子のばらつき量に，多く反映させることができているか(そのような因子負荷量を求めているか)どうか」によるのである．

5.4.3 因子分析結果の読み取り方

(1) モデルの縮約度による共通因子の選択

因子分析の狙いは，少数の共通因子で観測データの構造を説明することであるから，どこまでの共通因子を使用するかを，分析結果から第1に読み取る必要がある．そこで因子分析では，「固有値」の統計量を見て判断していく．

固有値とは，「各共通因子内に，どれだけの観測変数の情報量が含まれてい

5.4 因子分析(多変数の構造を分析する手法Ⅰ)

るか」を表す「各同一因子内の因子負荷量の平方和」である．つまり，固有値は，「観測変数の何個分の情報量」を表す固まりの値だとイメージすればよい．1つの共通因子を分析に使用するということは，少なくとも観測変数1個分以上の情報量をもつ共通因子でなければ，分析に使用する価値がなくなってしまう．そのため，固有値が1以上の共通因子を選択するという基準が設定される．

また，各共通因子の固有値の構成比率を出し，その構成比率の累積を示すことで，「全体の情報量のうち，どこまでの共通因子で，観測変数の何%の情報量をもっているか」が理解できるようになる．この統計量を因子分析では，累積寄与率とよび(各共通因子の寄与率という意味)，累積寄与率が80〜90%になる共通因子までを選択するという基準が多く使用されている．

表5.7のデータを主因子法で因子分析し，固有値と累積寄与率を求めた結果を表5.9に示す．固有値1以上の基準からは，共通因子3までを選択すればよい．また累積寄与率より，共通因子1〜3を用いることで，9つの観測変数の88.1%の情報量を表すことができると読み取れる．

表5.9 固有値と累積寄与率

	固有値	寄与率	累積寄与率
共通因子1	3.320	0.369	0.369
共通因子2	2.689	0.299	0.668
共通因子3	1.917	0.213	0.881
共通因子4	0.320	0.036	0.916
共通因子5	0.266	0.030	0.946
共通因子6	0.190	0.021	0.967
共通因子7	0.105	0.012	0.979
共通因子8	0.098	0.011	0.989
共通因子9	0.095	0.011	1.000

(2) モデルの適合度

因子分析では，モデルの適合度を共通性の統計量で評価する．共通性とは，「1－独自因子の分散」であり，「選択した共通因子で観測変数をどれだけ説明できるかの値」である．よって共通性が1に近い変数が多いほど，モデルの説明力が高く，観測データに適合していると判断できる．もし共通性の低い観測変数があった場合は，選択する共通因子の数を増やすか，共通性の低い観測変数を除いて，因子分析を行うとよい．

表5.7のデータを用いて，3因子として因子分析し，バリマックス回転法によって求めた因子負荷量と共通性を表5.10に示す．表5.10の結果からは，共通因子1～3までを使用すると，9つの観測変数全てで共通性は90%以上あり，当てはまりのよいモデルと評価できる．

(3) 各共通因子の解釈

適合度のよいモデルが作成された次は，「このモデルにおける各共通因子が，どの観測変数の情報をどの程度表しているのか」を解釈していく．使用する統計量は，観測変数と共通因子の相関関係を表す因子負荷量である．この因子負荷量の数値が絶対値で高い観測変数を集め，共通的な言葉で表せないか，共通

表5.10 因子負荷量と共通性

観測変数	共通因子1	共通因子2	共通因子3	共通性
外観のデザイン	0.034	0.313	**0.936**	0.975
内装のデザイン	0.382	0.021	**0.911**	0.976
運転席のゆとり	**0.842**	0.352	0.339	0.948
荷室の広さ	**0.788**	0.265	0.458	0.901
乗り心地の良さ	**0.883**	0.432	0.116	0.980
乗り降りのしやすさ	0.288	**0.789**	0.471	0.927
運転視界の良さ	0.334	**0.805**	0.426	0.941
小回りの良さ	0.137	**0.842**	0.498	0.976

因子の意味づけを行っていく．－の因子負荷量がある場合は，共通因子が，－方向で数値が高くなると，その観測変数の意味をもつとして解釈すればよい．

表5.10の結果からは，共通因子1で，絶対値で高い数値の因子負荷量の観測変数は，「乗り心地の良さ」「運転席のゆとり」「荷室の広さ」で，これらをまとめた「居住性の良さ」を，共通因子1は表していると解釈できる．同様に共通因子2は，「小回りの良さ」「運転視界の良さ」「乗り降りのしやすさ」の観測変数の因子負荷量が絶対値で高く，「使い勝手の良さ」を表していると解釈できる．最後に，共通因子3は，「外観のデザイン」「内装のデザイン」の観測変数の因子負荷量が絶対値で高く，「デザインの良さ」を表していると解釈できる．

(4) 共通因子を用いての観測データの付置

因子負荷量が求まることで，式③の因子分析モデル式を，以下のように変形できる（$u \to y$，$a_{11} \to x_1$，$a_{21} \to x_2$と置き換えた）．

$$u = a_1 f_1 + a_2 f_2 + e_1 \quad \cdots\cdots ③$$
$$y = \beta_0 + f_1 x_1 + f_2 x_2 + e$$

これは回帰モデル式と同じ形であり，残差の平方和を最小になるように求めると，$f_1 \cdot f_2$を求めることができる．これを全ての観測データについて求めると，選択した共通因子を用いて，観測データを付置（図に）することができる．$f_1 \cdot f_2$を因子得点や因子スコアーとよび，因子得点を求める方法を「回帰推定法」とよぶ．

表5.10のモデルから求めた因子得点の散布図を図5.23に示す．本来は3次元マップに示すとよいが，ここでは因子1と因子2の組合せのみ示す．この図を見ると，各回答者が，「居住性の良さ」「使い勝手の良さ」で，どのような評価をしているのか，一目でわかる．さらに，因子得点のデータを商品別に平均値を求めて散布図に表すと，各商品についてもこのことがよくわかる（図5.24）．A商品は，「居住性の良さ」「使い勝手の良さ」で高く評価されており，さらに「居住性の良さ」「使い勝手の良さ」では競合がいないこともわかる．

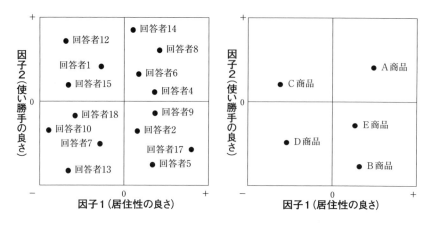

図5.23 回答者別の因子得点マップ　　図5.24 商品別の因子得点マップ

以上のように，因子分析を用いることで，9つの観測変数の88.1%の情報量を，3つの共通因子「居住性の良さ」「使い勝手の良さ」「デザインの良さ」で表し，観測データを3次元の図で表現することで，各回答者の評価構造や商品評価がわかりやすく説明できる．

5.5　クラスター分析（多変数の構造を分析する手法Ⅱ）

5.5.1　クラスター分析の概要

クラスター分析とは，因子分析と同様に，多変数の観測データの構造をわかりやすく分析するための方法である．因子分析との違いは，データ構造のなかでも，サンプルに焦点を置き，サンプルの構造を理解して，サンプルのグルーピング化を狙いにした分析方法である．

例えば，自動車選びの重視点を尋ねたデータを表5.11に示す．このデータは，「自動車を次回購入する場合，どのような点を重視して，自動車選びをするか」について各重視項目を5段階評価（5：重視する，4：やや重視する，3：どちらともいえない，2：あまり重視しない，1：重視しない）で調査したものである．このデータのサンプルは回答者なので，「各回答者がどのような重視

表5.11　自動車選びの重視度

	豪華さ	格好良さ	ステータスさ	洗練さ	小回りの良さ	使い勝手の良さ	乗降のしやすさ	運転のしやすさ	趣味に使える	家族で使える	デートに使える	レジャーに使える	…
回答者1	5	5	4	5	4	2	4	5	4	5	2	5	…
回答者2	4	5	5	5	5	3	5	5	2	1	4	3	…
回答者3	1	5	3	4	5	4	5	3	4	5	5	5	…
回答者4	5	5	2	5	3	5	3	5	1	5	3	2	…
⋮	⋮	⋮	⋮	⋮	⋮	⋮	⋮	⋮	⋮	⋮	⋮	⋮	⋮

点をもっているか」について重視点の特徴ごとに(「豪華さ」から「レジャーに使える」までの評価を用いて)，回答者を何らかの基準でグルーピングして，各回答者の構造的特徴を分析するのがクラスター分析である．

クラスター分析では，コンピュータで距離を計算し，近いものをグルーピングしていくため，ある程度機械的にグループが導出される．このグループが作成された後，分析者がこのグループの特徴を明確にし，どのように活用するかで，その有用性は大きく異なってくる．つまり，クラスター分析をして終わりではなく，「他の統計手法とのどのような併用があるかを考えられるかどうか」が重要となる．

5.5.2　クラスター分析の考え方

(1) グルーピングのやり方

クラスター分析の考え方はとてもシンプルで，「グルーピング(クラスタリング)したい対象同士の距離を測り，近い距離にあるものから，グループ(クラスター分析ではこれをクラスター(群落)とよぶ)を作成していく」という考え方である．このクラスターの作成について，階層的に全ての対象(データ)につ

いて行う方法を階層的クラスター分析とよぶ．それとは別に，クラスター数をこちらが指定して，そのクラスター数になるようにクラスターを作成する方法を非階層的クラスター分析とよぶ．通常は分析する前にクラスター数は未知であるため，階層的クラスター分析を行うことがほとんどである．

このとき，グルーピングのやり方で理解しなければならないポイントは，「どのようなものさしを使用して測るか」という「①距離の計算方法」と，「どの部分を測って，遠い・近いの距離概念とするか」という「②距離の測定方法」である．

(2) 距離の計算方法

距離の計算方法については，表 5.12 に示すように，さまざまな計算方法が提案されている．単位，ばらつき，相関などの異なる変数を比較する場合，単純なものさしでは適切に距離を測れない．そのため，このような違いも考慮して測れるものさしとして，さまざまなものが用意されているので，扱う対象データを適切に把握して，その対象に適切なものさしを選択するとよい．なお，一般的には，標準ユークリッド平方距離を用いることが多い．

表 5.12 クラスター分析で用いる主な距離の計算方法

名　称	内　容	特　徴	計算式
ユークリッド平方距離	2 点間の幾何学的な距離	数学で習うものさし	$\Sigma(x_i-z_i)^2$
標準ユークリッド平方距離	データを規準化してから求めたユークリッド平方距離	単位，ばらつきを考慮したものさし	$\Sigma\left[\dfrac{x_i-\bar{x}}{s_x}-\dfrac{z_i-\bar{z}}{s_z}\right]^2$
マハラノビスの平方距離	相関も含めて規準化した距離	単位，ばらつき，相関を考慮したものさし	$(\mathbb{X}-\mu)'\Sigma^{-1}(\mathbb{X}-\mu)$
市街地距離	碁盤目の街を移動する距離	異常値らしきデータの影響を考慮したものさし	$\Sigma|x_i-z_i|^2$

(3) 距離の測定方法

図 5.25 に示すように，点と点の距離 (d_1) を測る場合はどこを測ればよいかイメージがつきやすい．しかし，点とクラスターの距離 (d_2)，クラスターとク

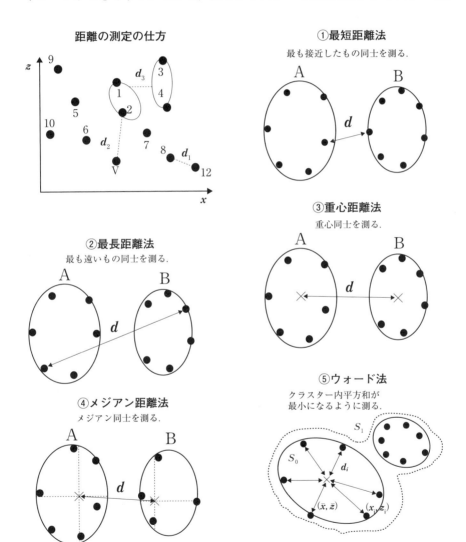

図 5.25　距離の測定の仕方とクラスター分析で用いる主な距離の測定方法

ラスターの距離 (d_3) を測る場合は，測る箇所が複数あるため，どこを測ることが適切な測り方であるか容易には判断できない．

そこで，この距離の測定方法もさまざまなものが提案されており，代表的なものを図 5.25 に示す．一般的には，クラスター内のばらつきまで考慮して測る「ウォード法」を用いることが多い．

5.5.3 クラスター分析結果の読み取り方

(1) クラスタリング結果

クラスター分析では，図 5.26 に示す，階層的にグルーピングしたプロセスがわかる「デンドログラム（樹形図）」という図で，結果が表示される．この結果は，表 5.11 のデータを，標準ユークリッド平方距離，ウォード法でクラスター分析した結果である．

図の下の方で統合されているものが，同じ観点の重視度をもつ（距離が近い）回答者としてクラスターされたものである．線の長さが類似度を表し，短いほど距離が近いと判断できる．このデンドログラムを用いて，類似度の線が長い箇所を分離の箇所と考えて，そこを基準として分類するクラスター数を決める．図 5.26 の結果からは，3 つのクラスターに分類できる．

(2) 分析結果の精度評価

クラスター分析では，モデル式などがないため，分析結果の精度評価を数量的に行うことは難しい．そのため，クラスター分析で導出したクラスター数に分けた散布図を用いて，その散布図が，「各クラスター間は分離しているが，クラスター内のデータは近づいている形になっているか」で，分析結果の精度評価を行うとよい．

(3) クラスター分類データの作成

クラスター分析によって導出された各クラスターを分類する変数を，元データに追加し，各クラスターの特徴を導出するとよい．表 5.13 の結果は，導出

5.5 クラスター分析（多変数の構造を分析する手法Ⅱ）

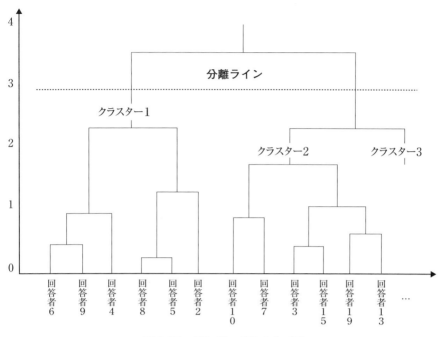

図 5.26　デンドログラム（一部）

されたクラスターごとに，重視項目の平均値を求めたものである．平均値の高い項目に注目すると，クラスター1の回答者グループは自動車選びにイメージを重視するグループであることがわかる．同様に，クラスター2のグループは居住性・操作性重視派，クラスター3のグループは用途や使用場面重視派であることがわかる．

表5.13 クラスターごとの重視項目の平均値

重視項目	クラスター1	クラスター2	クラスター3
豪華さ	**4.732**	3.152	2.538
格好良さ	**4.219**	2.903	2.477
ステータスさ	**4.573**	3.382	3.014
洗練さ	**4.331**	3.295	2.827
小回りの良さ	3.210	**4.482**	2.922
使い勝手の良さ	2.853	**4.832**	3.053
乗降のしやすさ	2.218	**4.318**	2.367
運転のしやすさ	3.047	**4.630**	2.558
趣味に使える	2.838	2.975	**4.539**
家族で使える	2.906	3.112	**4.289**
デートに使える	3.002	3.364	**4.883**
レジャーに使える	2.913	3.048	**4.836**
	イメージ重視派	居住性・操作性重視派	用途や使用場面重視派

5.6 数量化Ⅲ類（多変数の構造を分析する手法Ⅲ）

5.6.1 数量化Ⅲ類の概要

　数量化Ⅲ類とは，多変数の観測データの裏に潜むパターン分類を導出し，そのパターンに数量を与え，類似性の軸（変数）を作成し，その類似性の軸を用いて，多変数の観測データの構造をわかりやすく分析するための方法である．5.5節で解説したクラスター分析の質的変数への拡張と捉えるとイメージしやすい．ただし，質的変数のなかでも，「○×や，該当した・しない」などの0・1データになる．さらにサンプルの構造分析に焦点を置きながら，数量化Ⅲ類では変数の構造についても分析できる．

　例えば，表5.11の自動車選びの重視点データについて，5段階評価ではな

く，該当する重視項目を選択してもらう回答形式(複数回答可)になると，**表5.14**に示すデータが得られる(該当する項目には1，該当しない項目は0になっている)．このようなデータに対しても，各回答者がどのような重視項目を選択するか，その選択パターンを手がかりに，似たような選択パターンを行う回答者や，似たような選択パターンがされる重視項目をグルーピングして，各回答者の構造的特徴を分析するのが，数量化Ⅲ類である．

　市場分析において，調査回答者(ターゲット顧客)の特徴を把握することはとても重要である．しかし，因子分析の例で示したように，複数の商品について，選好評価を尋ねる設問を行うと，それだけで質問がかなりの量になってしまう．ここからさらに，調査回答者の性格，商品選びの重視点，ライフスタイルなどを5段階評価で尋ねていくと，回答者の負担は増大し，精度の悪いデータが収集される可能性が高まる．このようなときに，調査回答者に関する属性設問では，複数回答可の回答形式で尋ねていくと，回答者の負担はかなり軽減される．そして，このようなデータでも，数量化Ⅲ類を用いれば，因子分析やクラスター分析と同様の分析ができる．

5.6.2　数量化Ⅲ類モデルの考え方

(1) 類似した回答パターンの発見

　表5.14から一部のデータを抜き出したものが，**図5.27**である．○がついているものが重視項目として該当した回答であり，どの回答であるかがわかるように丸の中に数字を入れている．この少ないデータで，数量化Ⅲ類の考え方を解説していく．なお数量化Ⅲ類では，変数のことをカテゴリーとよぶ．

　得られたデータのカテゴリー(列)同士，サンプル(行)同士を入れ替えて，回答が対角線上に並ぶように，並替えを行う．この並替えが終わった表を考察すると，カテゴリー側では，自動車選びの重視項目で「ステータスさ」と「洗練さ」，または「運転のしやすさ」と「小回りの良さ」が同時に選択されるパターンになっていることがわかる(必ずしも，そうなっていないものもあるが)．つまり「ステータスさ」を選択する人は「洗練さ」を，「運転のしやすさ」を

表5.14 自動車選びの重視度

	豪華さ	格好良さ	ステータスさ	洗練さ	小回りの良さ	使い勝手の良さ	乗降のしやすさ	運転のしやすさ	趣味に使える	家族で使える	デートに使える	レジャーに使える	…
回答者1	1	1	1	1	1	0	1	1	1	1	0	1	…
回答者2	1	1	1	1	1	0	1	1	0	0	1	0	…
回答者3	0	1	0	1	1	1	1	0	1	1	1	1	…
回答者4	1	1	0	1	0	0	1	0	1	0	1	0	0	…
⋮	⋮	⋮	⋮	⋮	⋮	⋮	⋮	⋮	⋮	⋮	⋮	⋮	⋮

選択する人は「小回りの良さ」を回答する傾向があると読み取れる．次にサンプル側では，「Eさん」と「Bさん」の自動車選びの重視項目は似ていて，同様に「Dさん」と「Aさん」の重視項目は似ていることがわかる．このように，回答が対角線上に並ぶように，カテゴリーとサンプルを並び替えると，近くに並んだカテゴリー同士およびサンプル同士の類似性が表現できるようになる．また，以下のように，カテゴリーの並びから，左側がイメージ重視派，右側が操作性重視派と，カテゴリーの軸に意味づけを行うことで，EさんとBさんは「イメージ重視派」，DさんとAさんは「操作性重視派」と読み取ることができるため，各回答者のデータ構造が理解しやすくなる．

```
  ←イメージ重視派                   操作性重視派→
  ステータスさ―洗練さ―乗降のしやすさ―小回りの良さ―運転のしやすさ
```

実際に数量化III類を行った場合は，上記のように等間隔にカテゴリーが並ぶことはなく，「選択パターンの度数の違いによって，どの程度カテゴリーが近いか，または離れているか」を数量的に表現して，図に表すことができる．

5.6 数量化Ⅲ類(多変数の構造を分析する手法Ⅲ)

カテゴリー

	ステータスさ	小回りの良さ	乗降のしやすさ	運転のしやすさ	洗練さ
回答者A			①	②	③
回答者B	④		⑤		
回答者C		⑥	⑦		⑧
回答者D		⑨		⑩	
回答者E	⑪				⑫

サンプル

並替え

カテゴリー

	ステータスさ	洗練さ	乗降のしやすさ	小回りの良さ	運転のしやすさ
回答者E	⑪	⑫			
回答者B	④		⑤		
回答者C		⑧	⑦	⑥	
回答者A		③	①		②
回答者D				⑨	⑩

図 5.27 自動車選びの重視項目データ(一部)

よって,次に理解しなければならないことは,「類似した選択パターンの度数から,カテゴリー同士およびサンプル同士の類似性の程度を,どのように数量化して表すのか」である.

(2) 回答パターンの数量化

図 5.28 に示すように,各カテゴリーにはカテゴリー数量(x_i),各サンプル

	ステータスさ	小回りの良さ	乗降のしやすさ	運転のしやすさ	洗練さ
回答者A			○	○	○
回答者B	○	○			
回答者C		○	○		○
回答者D		○	○	○	
回答者E	○				○

	カテゴリー数量	サンプル数量
No.1	x_1	y_2
No.2	x_1	y_5
No.3	x_2	y_3
No.4	x_2	y_4
No.5	x_3	y_1
⋮	⋮	⋮

数量化 ← → データセット

カテゴリー\サンプル	ステータスさ x_1	小回りの良さ x_2	乗降のしやすさ x_3	運転のしやすさ x_4	洗練さ x_5
回答者A y_1			(x_3, y_1)	(x_4, y_1)	(x_5, y_1)
回答者B y_2	(x_1, y_2)		(x_3, y_2)		
回答者C y_3		(x_2, y_3)	(x_3, y_3)		(x_5, y_3)
回答者D y_4		(x_2, y_4)		(x_4, y_4)	
回答者E y_5	(x_1, y_5)				(x_5, y_5)

図 5.28 回答パターンの数量化とデータセットの作成

にはサンプル数量(y_i)という得点を与え，回答のあった部分には，(x_i, y_i)の組の得点が与えられるとする．図5.28に示した回答パターンが対角線上に並ぶような並替えを行うことをx_i, y_iの数量で表すと，相関係数が±1になるとき，対角線上に全てのデータが並ぶ性質からxとyによって求まる相関係数が最大になるようにx_i, y_iを求めればよいことになる．

(3) カテゴリー数量およびサンプル数量を求める

そこで，xとyの相関係数を求めると，以下の式になる．

$$r_{xy} = \frac{\frac{1}{n}\Sigma\Sigma\delta_{ij}(x_i-\bar{x})(y_i-\bar{y})}{\sqrt{\frac{1}{n}(\Sigma\delta_i(x_i-\bar{x})^2)}\sqrt{\frac{1}{n}(\Sigma\delta_j(y_j-\bar{y})^2)}}$$

※ δ_{ij}はダミー変数

$\begin{cases} \delta_{ij}=1 \rightarrow サンプルiがカテゴリーjに反応するとき \\ \delta_{ij}=0 \rightarrow その他のとき \end{cases}$

$\begin{cases} \delta_i はサンプル i が反応するカテゴリー数 \\ \delta_j はカテゴリー j が反応されるサンプル数 \end{cases}$

5.6 数量化Ⅲ類(多変数の構造を分析する手法Ⅲ)

カテゴリー数量,サンプル数量とも,規準化された変数と規定すると,以下の式になる.

$$r_{xy} = \frac{1}{n}\Sigma\Sigma\delta_{ij}x_{ij} \quad \cdots\cdots ⑤$$

よって,⑤式において,相関係数が最大になるように,x_i と y_j を求めればよいことになる(ただし,$s_x=1$,$s_x=1$ の条件つきでの最大化計算になる).

5.6.3 数量化Ⅲ類の分析結果の読み取り方

(1) モデルの縮約度による成分の選択

　数量化Ⅲ類も因子分析と同様に固有値と累積寄与率が求められる.ただし,固有値は1以下になるので,累積寄与率が80～90%になる新しい変数(数量化Ⅲ類では新しい変数を「成分」とよぶ)までを選択するとよい.さらに,数量化Ⅲ類では,通常,成分1と成分2でサンプルやカテゴリーのデータ構造を分析する.よって,成分1と成分2で累積寄与率が80%以上になることが理想であるが,80%以下であっても,まずは成分1と成分2で分析を行う.そして,もし成分1と成分2の軸だけで解釈が困難であれば,成分3を追加して,各成分の軸の解釈を再度行うという流れで分析を進めていく.

(2) 各成分の解釈

　各成分の意味づけは,カテゴリー数量の並びを見て解釈していく.表5.14のデータを数量化Ⅲ類した結果の一部を図5.29と図5.30に示す.

　図5.29より,成分1軸は,＋側が経済性の重視項目が,－側がイメージの重視項目が近くに付置されている.また成分2軸は,＋側が操作性の重視項目が,－側が用途の重視項目が近くに付置されている.つまり,図5.29は「経済性かイメージか」の成分1と,「操作性か用途か」の成分2で,自動車選びの重視項目をまとめた図になっていると解釈できる.

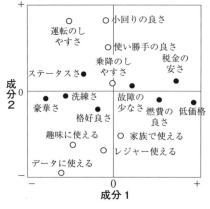

図 5.29 カテゴリー数量マップ

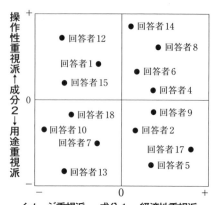

図 5.30 サンプル数量マップ

(3) 成分を用いてのサンプルの付置

各成分の解釈を図 5.30 に当てはめて，各回答者を考察すると「回答者 4・6・8・14 は，操作性と経済性を重視するグループ」「回答者 7・10・13・18 は，イメージと用途を重視するグループ」などの各回答者のデータ構造が一目でわかるようになる．このサンプル数量を活用して，クラスター分析を行うことで，自動車選びの重視派グループをいくつか作成することができ，重視派ごとに基本統計量や要因分析を行うと，ターゲット顧客に向けた，より細かいニーズ対応の戦略が構想できる．

5.7 ポジショニング分析(総合マッピング分析手法)

ポジショニング分析は，消費者が複数の商品を選好評価した調査データを用いて，その複数の商品を，縮約された選好評価の変数で，図に位置づける方法である．そのため，ポジショニング分析する方法はさまざまある．本節では，多変量解析における重回帰分析，因子分析，数量化Ⅲ類，クラスター分析という4つの手法を総合的に用いて行うポジショニング分析を解説する．分析イメージを掴みたい人は，先に分析アウトプットである図 5.31 を見ておくとよい．

(1) 因子分析による，各商品評価空間の作成・分析

表5.7のデータを用いて，因子分析(主因子法およびバリマックス回転法による)を行い，「居住性の良さ」「使い勝手の良さ」「デザインの良さ」の3つの共通因子(表5.10を参照)と，3つの共通因子における因子得点(図5.23を参照)を導出する．

(2) 数量化Ⅲ類による，各回答者の回答評価空間の作成・分析

表5.14のデータを用いて，数量化Ⅲ類を行い，「＋側が経済性，－側がイメージの重視項目を表す成分1」「＋側が操作性，－側が用途の重視項目を表す成分2」の2つの成分(図5.29を参照)と，2つの成分におけるサンプル数量(図5.30を参照)を導出する．

(3) クラスター分析による，各回答者のグルーピングの作成・分析

図5.30のサンプル数量のデータを用いて，クラスター分析(標準ユークリッド平方距離およびウォード法で計算)を行い，自動車選びの重視点について「操作性・経済性重視派」「イメージ・用途重視派」「操作性・イメージ重視派」「経済性・用途重視派」の4つのクラスターを導出する．

(4) 重回帰分析による，共通因子における要因分析と選好ベクトルの作成

総合評価「好き」を目的変数，3つの共通因子を説明変数にして重回帰分析を行い，表5.15の結果を導出する．導出した回帰係数を選好ベクトルとして，散布図に表示させるため，因子1と因子2，因子1と因子3で，回帰係数の相対比率を以下のように求める．

$$因子1：因子2 \rightarrow 因子1 = \frac{0.528}{(0.528+0.168)} = \underline{0.76}$$

$$因子2 = \frac{0.168}{(0.528+0.168)} = \underline{0.24}$$

$$因子1：因子3 \rightarrow 因子1 = \frac{0.528}{(0.528+0.506)} = \underline{0.51}$$

表 5.15　共通因子による重回帰分析

説明変数	回帰係数	t 値	p 値	検定	寄与率
因子1：居住性の良さ	0.528	16.06	0.000	**	0.793
因子2：使い勝手の良さ	0.168	6.19	0.000	**	
因子3：デザインの良さ	0.506	15.29	0.000	**	
定数項	3.036				

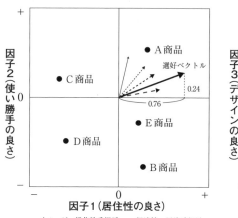
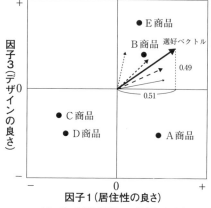

図 5.31　因子1～因子3におけるポジショニングマップ

$$因子3 = \frac{0.506}{(0.528 + 0.506)} = \underline{0.49}$$

同様に，4つの重視派グループごとに層別したデータを用いて，総合評価「好き」を目的変数，3つの共通因子を説明変数にして重回帰分析を行い，4つの重視派グループごとの選好ベクトルを求める．

(5) 散布図に全ての分析結果を整理して表示

以上の全ての分析を組み込んで作成したポジショニングマップが，図 5.31 である．このポジショニングマップは，因子分析で求めた因子得点を商品ごと

の平均値にして求め，その平均値を因子1・因子2，因子1・因子3の散布図に描いたものである（本来は因子2・因子3まで散布図を描くと，3次元空間を全ての面から見たことになる）．さらに，表5.15から求めた選好ベクトルと，4つの重視派グループごとに求めた選好ベクトルも，散布図に入っている．

図5.31より，総合評価「好き」に最も影響する「居住性の良さ」で，評価の高い既存商品はなく，ニッチな空間が存在している．因子1・因子2のマップでは，A商品が最も選好ベクトルの方向性に近い商品ではあるが，因子1・因子3のマップでは，A商品は選好ベクトルの方向性に位置づけられていない．逆にB・E商品は，因子1・因子3では，選好される商品に位置づけられるが，因子1・因子2になると，選好ベクトルの方向ではなくなってしまう．また，4つの重視派グループごとに選好ベクトルの方向を考察すると，それぞれで求めている方向が少しずつ異なる．このようにして，自社に最も有望なターゲット顧客がどこに存在するか，さまざまな切り口で選好ベクトルを求めることで，より適切なものが発見できるようになる．

以上のことから，「市場には独占状態を創るような強力な商品は存在せず，ニッチの方向性に向けた新商品開発の有効性は高い」と考えられる．

第5章の参考文献

[1] 朝野熙彦(2000)：『入門多変量解析の実際 第2版』，講談社．
[2] 上田拓治(1999)：『マーケティングリサーチの論理と技法』，日本評論社．
[3] 片平秀貴(1987)：『マーケティング・サイエンス』，東京大学出版会．
[4] 菅民郎(1993)：『多変量解析の実践 上』，現代数学社．
[5] 菅民郎(1993)：『多変量解析の実践 下』，現代数学社．
[6] 小林龍一(1981)：『数量化理論入門』，日科技連出版社．
[7] 酒井隆(2004)：『マーケティングリサーチハンドブック』，日本能率協会マネジメントセンター．
[8] 芝祐順(1979)：『因子分析法第2版』，東京大学出版会．
[9] 竹内光悦，酒折文武(2006)：『Excelで学ぶ理論と技術 多変量解析入門』，ソフトバンククリエイティブ．
[10] 田中豊，脇本和昌(1983)：『多変量統計解析法』，現代数学社．

［11］東京大学教養学部統計学教室編(1991)：『統計学入門』，東京大学出版会.
［12］東京大学教養学部統計学教室編(1994)：『人文・社会科学の統計学』，東京大学出版会.
［13］豊田秀樹編(2012)：『回帰分析入門』，東京図書.
［14］豊田秀樹(2012)：『因子分析入門』，東京図書.
［15］中山悌一(2015)：『プロ野球選手のデータ分析(改訂版)』，ブックハウス・エイチディ.
［16］鳥越規央，データスタジアム野球事業部(2014)：『勝てる野球の統計学』，岩波書店.
［17］永田靖，棟近雅彦(2001)：『多変量解析法入門』，サイエンス社.
［18］納谷嘉伸，諸戸修三，中村恭三(1997)：『創造的魅力商品の開発』，日科技連出版社.
［19］林知己夫(1974)：『数量化の方法』，東洋経済新報社.
［20］丸山一彦(2008)：『戦略的顧客満足活動と商品開発の論理』，ふくろう出版.

第6章 市場分析における調査設計

6.1 市場分析における調査設計の基本と注意点

　本章では，第2章で解説した2場面で主に活用されている「商品の魅力度調査」「顧客満足度調査」に焦点を当て，図2.1に示した市場分析活動プロセスの「④調査目的とデータ変数に合致した調査票の作成」「③調査目的に合致した調査対象者と調査方法の選定」について解説していく．また，「この2つの調査が企業活動のどのような役割を担っているのか」についても，企業内の市場情報体系上の役割，基本的な調査設計の背景，情報活用上の注意点の観点から解説していく．

　また，第2章でも触れた開発者自らが調査する必要のある2つの調査活動(製品開発の立案場面の「商品の魅力度実験調査」および，製品販売後のフィードバック場面の「現状の商品力調査」)についても，その調査設計の手順および注意点，調査票の設計などを解説する．

6.2 開発者が必要とする活用調査の調査設計

6.2.1 商品の魅力度調査と顧客満足度調査の調査体系の考え方

　開発者にとって最も基本となる市場分析は，図6.1で示すように，企業のCS活動の重要な要素である「知覚品質」を向上させるべく，顧客満足度調査を活用することである．なお本書では，知覚品質をGaleら[1]が示す「消費者が知覚する品質」と捉える場合は，図6.1の商品の魅力度調査の対象になり，

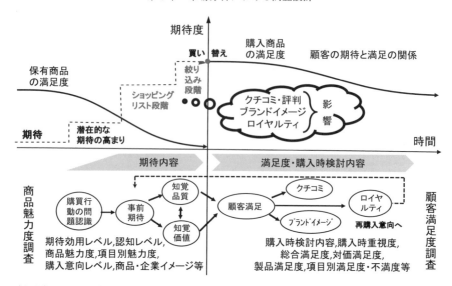

(出典) 圓川隆夫，フランク・ビョーン(2015)：『顧客満足 CS の科学と顧客価値創造の戦略』，日科技連出版社，p.20 にもとづき筆者作成．

図 6.1 CS 活動と調査活動の関係イメージ図

圓川ら[2]が示す「商品購入者の顧客が知覚した品質」と捉えた場合は，顧客満足度調査の対象として扱う．さらに，図 6.1 の「事前期待」とは，商品・企業への関心度・関与度および，重視項目とその項目の重視度を意味している．高い顧客満足は，クチコミやロイヤルティ獲得にも繋がり，企業と顧客の間の相互利益循環プロセスの重要な役割を果す．そして，顧客満足に影響する「知覚品質」の第一の源泉は，当り前品質と一元的品質で，高い満足を得ることである．本書の 2 場面で考えると，製品発売後のフィードバック場面(場面 2)で，「購入顧客を対象にした「顧客満足度調査」を活用した市場分析が，なぜ必要になるか」が理解できる．

一方，顧客が商品の再購入を検討し始めたときには，顧客のライフステージおよびライフスタイルの変化などをトリガーに商品の購入意識が芽生えることで，具体的な購入候補の選択が検討され始める．このとき，顧客がそれまでに経験したこと，蓄積された商品・企業に対するロイヤルティ，ブランドイメー

ジオおよびクチコミ情報などから，複数の商品候補がショッピングリストに挙げられ，「事前期待」がさらに高まっていくものと考えられる．このような状況で，「顧客が具体的に商品をどのようにイメージし，何を魅力と感じている(知覚品質)のか」「今後，どのような購買行動に発展していくのか」を調査したのが，「商品の魅力度調査」である．この調査は，1.4.2項における製品企画の立案場面で，魅力的品質の選好項目の選定および当り前・一元的品質の最適値の設定などに活用する．

この2つの調査で対象にしている「顧客の状況」の違いから，企業活動のなかで市場分析活動を行う目的が異なってくる．顧客の期待に対する商品の魅力度を測定した「商品の魅力度調査」は，「購入候補者が，今後どのような価値観や期待で購買行動を起こすのか」を探る調査のため，予測型の情報といえる．そのため，企業活動のなかでは，仮説構築型の業務である「商品企画」「製品企画」「デザイン戦略」「コミュニケーション戦略」など，将来の方向性や目標設定を検討する場面で活用される場合が多い．一方，「顧客満足度調査」のような結果型の情報は，①各種の戦略や企画の仮説検証，②商品へのフィードバック課題の抽出，③販売・サービス，品質保証に関する顧客の評価や不満点の抽出，④顧客の評価や不満点の対応策の検討に活用されることで，CS向上活動の重要な役割を担っている．

6.2.2 商品の魅力度調査と顧客満足度調査の調査設計内容

2つの調査の調査内容と主な特徴は表1.1で解説しているので，本項では，開発者が2場面でこの調査データを活用し分析する場合，「これら2つの調査が，どのように設問設計され，どのような集計・分析ができるのか」を知らずに活用できないため，以下に，主な内容を解説していく．

(1) 商品評価ワードの選定について

開発者が活用する市場情報は，顧客満足度調査の満足度評価や商品の魅力度調査の魅力度評価になるが，これらの設問で使われている評価ワードを開発者

が一から作り出すとなると,大変な労力を要する.そこで,「評価ワードの探索プロセスがどのようなものなのか」について例を挙げて解説するので,もし,既存の大規模調査がなく,新技術の採用選定などで評価ワードを新たに作成する場合や,既存調査の評価ワードの追加や変更を考えている場合に活用するとよい.

　企業で扱っている商品体系は,価格帯や商品のタイプ別および用途別でラインナップを揃えているケースが多く,顧客も用途や価値観に合わせてさまざまな商品を選んでいると考えられる.逆に,その人達に,満足度,魅力度,価値観や用途・期待を聞くのであるから,膨大な情報量になることは容易に想像がつく.商品の評価ワードを設計する第一歩は,市場の顧客が,実際に商品比較・選択の場面で行われている評価行動のプロセスを理解し,それを評価構造として捉えることから始まる.例えば,いくつかの用途や顧客の価値観を背景に,商品カテゴリーが構成されているような商品体系の場合(自動車の場合はこのケースが多い),カテゴリーごとに評価構造は異なってくるため,図6.2に示すような商品カテゴリー間で共通な評価ワードや,それぞれのカテゴリーを特徴づける評価ワードが形成されていると考える.そのため,必要最小限の表現で,商品全体や商品カテゴリーの特徴を言い表せるような評価ワードを選定することが重要である.具体的には,表6.1に示した作業手順で評価ワードの選定を行う.

　また,顧客の価値観構造分析のための「生活者行動設問」「消費者行動設問」の評価ワードの選定でも,顧客の商品に対する用途・期待効用,購買行動などをインタビューで情報収集し,商品カテゴリーをカバーする共通の評価ワードを選出する.表1.1で紹介した「顧客・消費者の価値観構造調査」では,評価ワード抽出のための調査として,商品の魅力度調査や顧客満足度調査より先行して調査が行われるが,そこで得られたデータを上記のように分析・考察することで評価ワードが作成される.また,この評価ワードを使い,「生活者・消費者行動設問」を入れ込んだ商品の魅力度調査や顧客満足度調査から得られたデータで,顧客の価値観による市場の細分化(ターゲット顧客の規定)の分析が

6.2 開発者が必要とする活用調査の調査設計

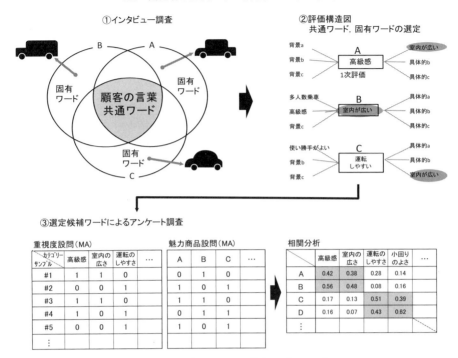

図6.2 評価ワードの選定のイメージ

実施されている.

このように，(顧客の価値観でセグメント分けに使われている)「顧客・消費者の価値観構造調査」における「生活者・消費者行動設問」と同一の設問を，商品の魅力度調査や顧客満足度調査にも設定すると，顧客の共通な価値観で顧客を分類できるため，商品の魅力度および顧客満足度のデータを顧客の各価値観で集計し，分析できるようになる（図6.3）．

(2)回答者属性の質問項目・回答選択肢の選定について

典型的な回答者属性の項目には，性別，年齢，年代，未既婚，職業，家族構成，同居人，世帯年収などを設定する場合が多い．ただし，調査・分析の目的により，居住地域（首都圏，郊外，地方都市）などが追加される場合もある．い

表 6.1 評価ワード選定の手順

手順1	評価構造を知るためのインタビュー調査	カテゴリー商品群のなかから，複数の商品を記したカードを用意し，顧客に好きなグループとそうでないグループに分けてもらい，そのグループ間の差や違いの理由および具体的な内容を，評価グリッド法[3]で掘り下げる．
手順2	評価構造図の作成	得られた情報から，グループの振り分けの起点となった，複数の評価ワードを中心に，上位方向に理由や背景，下位方向に具体的な内容を系統的に展開していき，評価の構造図として表す．
手順3	評価ワードの選定	各カテゴリーの評価構造図を見比べて，同一レベルで共通する評価ワードと，カテゴリーを代表する評価ワードを選定していく(図6.2を参照)．多数の評価ワードが選出された場合，縮約する必要があり，これらの評価ワードで，顧客にアンケートで，複数回答形式によるその評価ワードで魅力に思う商品をピックアップしてもらう．カテゴリー商品と魅力評価項目で数量化Ⅲ類(群相関係数の最大化)を行い，2項目間の関係を調べ，説明力のある評価ワードを選定する．

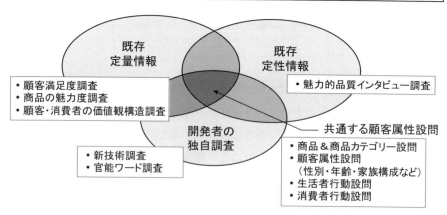

図 6.3 顧客属性の調査設計

ずれも，回答者は各問いで分類されたカテゴリーのなかから，該当項目に○印をつける「単一回答(SA)」方式がとられる．

6.2 開発者が必要とする活用調査の調査設計

また，顧客の価値観を分類するための生活者行動設問と消費行動設問は，回答者の意識を探る設問が設定される．例えば，「顧客が生活者としてどのような価値観で生活行動するのか」については，「無駄のない合理的な生活を好む」「いつも若々しく過ごしたい」「あまり目立つことは好みではない」など，また，「顧客が消費者としてどのような価値観で消費行動するのか」については，「気に入れば衝動買いをするほうだ」「とにかく値段の安いほうを選ぶ」「親しみのあるものを選ぶ」などである．

以上の調査データは，回答者を属性別に分類するための基本的な情報であるため，項目の選定は，調査後に得られるデータ集計や分析の目的を考えて，適切に設問設計することが重要である．以下に，設問設計の注意点を示す．

①生活者・消費者行動設問は，顧客の価値観の分類を目的としているため，設問内容は多岐にわたり，50〜100問程度が設定されることから，5段階評価方式では回答者に負担が大きいため，該当項目をピックアップする「複数回答(MA)」方式で設定するとよい．

②「性別と年代と家族構成」などで，フィルターを幾重にも重ねてデータ集計する場合，大規模調査のデータとはいえ，3〜4重のフィルターがかかるため，各項目に該当するデータ数は分析者が必要と考えているデータ数に達することはまれであると考えたほうがよい．そのため，データ活用の第1歩として，分析の前にデータ数のチェックを心がけることが望ましい．

(3) 調査票の構成について

次に，商品の魅力度調査と顧客満足度調査の調査票の構成について，2つの大規模調査の目的の違いによる「独自設問」と，互いの調査データの連動性をもたせるための「共通の設問や評価項目」の設定例を表6.2に示す．

調査票の構成上で重要になるのは，最初に調査の主旨を回答者に十分理解してもらえるよう，調査目的を簡潔に述べることである．表6.2(Q番号は図6.4に対応)の設問構成は，その主旨に沿って回答者が違和感なく進行してい

表6.2 商品の魅力度調査と顧客満足度調査の調査票の構成

設問構成	商品の魅力度調査			顧客満足度調査		
	設問内容	回答形式	設問の狙い	設問内容	回答形式	設問の狙い
商品関与設問 Q1	購入希望商品銘柄	SA	銘柄の購入候補者の選定と候補者による銘柄ごとの評価データ集計のため	購入商品銘柄	SA	銘柄購入者による購入商品の使用実態の把握と商品満足度データの集計のため
	購入予定時期	自記		購入時期	自記	
	関与レベル(銘柄認知,購入意向)	順序尺度		商品仕様使用頻度	SA	
生活者意識設問 Q2	生活者購買行動・価値観	SA,MA,順序尺度	顧客を価値観軸で理解するため	商品の魅力度調査と共通内容設問として設定.同じ価値観顧客セグメントで評価データを集計できる.		
商品評価設問 Q3, Q4	評価項目別魅力度 Q4	SA,MA,順序尺度	総合魅力度(目的変数)と評価項目別魅力度(説明変数)の要因分析のため	評価項目別満足度	SA,順序尺度	総合満足度(目的変数)と評価項目別満足度(説明変数)の要因分析のため
	商品総合魅力度 Q3	SA,順序尺度		商品総合満足度	SA,順序尺度	
回答者属性設問 Q5,Q6,Q7	性・年齢・職業・家族構成など	SA	顧客を属性の層別で評価データを集計するため	商品の魅力度調査と共通内容の設問として設定.同じ属性で層別し,評価データを集計できる.		

注) SA:単一回答,MA:複数回答,自記:記述式回答

けるよう,身近なテーマから本題へと展開し,最後に回答者自身のことで締めくくる流れになっている(調査の主旨説明→商品への関与項目質問→生活者意識設問→商品に対する各項目別評価質問→商品に対する総合的評価質問→回答者属性質問).

商品の魅力度調査と顧客満足度調査の具体的な調査票の構成イメージを,図6.4に示す.図6.4の例では,商品の魅力度調査の調査票の一部を掲載しているが,顧客満足度調査も同様の形態である.ただし,購入顧客が1つの購入商

6.2 開発者が必要とする活用調査の調査設計　　　231

Q1. あなたが、今、購入検討されている下記カテゴリーの銘柄リストのなかより、
　　購入検討の第1候補、第2候補と、検討はしたが候補から外した商品に
　　ついて番号でお答えください。

　　1.a　2.b　3.c　4.d　5.e　6.f　7.g　8.h　・・・・・・　30.該当なし

　　第1候補　[1]　　第2候補　[2]　　候補外　[10]

Q2. 候補として選択理由はどのようなお考えからですか, あなたのお考えに
　　近い項目の□の中に✓をつけてください。(選択はいくつでも)
　　　□ 自分のセンスを反映できるものを選ぶ
　　　□ 若返った気分になれるものを選ぶ
　　　□ 他人や家族に自慢ができるものを選ぶ
　　　　…

→ この商品分の回答

以下、あなたが候補として挙げられた3つの商品について、順にお聞きします。

Q3. 商品aは、全体としてどの程度魅力的と感じてますか。(1〜5に○印は1つ)

	非常に魅力的	魅力的	どちらとも言えない	魅力的とは思わない	全く魅力的とは思わない
商品a全体	5	4	3	2	1

Q4. 商品aについて、どのような項目で魅力を感じているのか評価してください。
　　(各項目ごとの1〜5に○印は1つ)

	非常にそう思う	そう思う	どちらとも言えない	そう思わない	全くそうは思わない
外観・スタイルが魅力的	5	4	3	2	1
インテリアデザインが魅力的	5	4	3	2	1
走りが魅力的	5	4	3	2	1
…					

[a][b]…[j] 対象商品分の同一内容評価

（顧客満足度調査は購入商品だけの評価）

Q5. あなたの性別をお答えください。
　　1. 男性　　　2. 女性
Q6. あなたの年齢をお答えください。(○は1つ)
　　1.〜19才　2.20代　3.30代　4.40代　5.50代　6.60代　7.70代以上
Q7. あなたと一緒に暮らしているご家族をお答えください。(○はいくつでも)
　　1 自分と配偶者　2 自分の父・母　3 自分の兄弟・姉妹
　　4 自分の息子・娘　5 自分の祖父母　6 自分の孫　7 その他
　　　…

図6.4　商品の魅力度調査と顧客満足度調査の調査票の構成イメージ

品に対して評価しているため，商品評価の繰返しはない．

(4) 構造的な設問形式について

顧客満足度調査で尋ねる「総合満足度」という評価ワードを現実に利用しようとすると，一般回答者にとっては，開発者が思っているような性能・機能・品質・スタイルなどの製品全体を代表している評価ワードではないことに気づかされる．実際の分析でも，図6.1で示すように，顧客が「ブランド」「友人・知人の評価」「広告・宣伝」「サービス対応」などの実際の経験を踏まえて，総合満足度を回答しているため，総合満足度と各評価項目との重回帰分析をそのまま行うと，総合満足度への製品品質項目の影響度が低いのが常である．そのため，開発者が期待している性能・機能・品質・スタイルなどの製品品質に関するトータルでの評価を得るためには，製品に関する総合評価項目を一次レベルの総合評価として，回答してもらう工夫が必要である．例えば，CS分析について2段階の構造を仮定し，順を追って設問を展開していく設問形式にするとよい．また，商品の魅力度調査についても，総合魅力度の評価内容には，製品品質以外の項目，ブランド，ロイヤルティ，評判などが強く影響しているため，開発者が期待している性能・機能・スタイルなどの製品トータルでの魅力度を尋ねることを目的にした場合，同様な2段階の設問形式が有効と考える．

(5) 評価対象商品について

商品の魅力度調査と顧客満足度調査の評価対象となる商品の場合，2つの調査は市場である母集団を代表させる調査として位置づけられ，設計されている場合が多い．企業内活動のなかでも，短中期の商品の市場導入戦略を練る場合で，カテゴリーを構成する商品動向やカテゴリー間の市場ボリュームの動向を摑む場合には，市場を俯瞰できる市場情報が必要となってくる．このため，できる限り市場に近い商品体系を再現できるよう，評価対象商品が選定される．

自社商品のみならず，他社競合商品も評価対象に含めた調査が理想となるが，現実を考えると，回答してもらえる顧客のサンプルサイズや，調査を委託する

企業側の費用面での負担から難しいことは自明である．特に，商品の魅力度調査では，戦略立案や商品企画に必要な自社・他社の主要な競合商品に的を絞り，回答者から評価を得ることで，疑似的に市場を再現し，市場予測に活用している例が多いと考えられる．

このように，商品の魅力度調査と顧客満足度調査のような大規模調査が，市場を再現する役割を担っていると考えると，個々のプロジェクト開発の製品企画でも，商品評価による競合分析だけでなく，市場動向も含めた競合分析や品質企画の策定などにも役立てることができる．

(6) 評価対象者について

顧客満足度調査と商品の魅力度調査の大きな違いは，調査対象者の違いにあるが，調査設計面でも回答者サンプリング条件および回答者属性項目に大きな違いがある．

顧客満足度調査の場合は，調査対象者は商品購入者なので，商品銘柄別の購入者リストおよび，（回答者の自己申告ではあるが）調査票で購入銘柄，購入時期の設問を通じて確認すれば，調査対象者となる．商品の魅力度調査の場合は，顧客の購入前の購買行動を探る調査と位置づけられ，実際に商品の購入の検討段階にあるので，ある程度，商品知識のある回答者で商品評価したデータを収集する必要がある．そこで，商品の魅力度調査の回答者を購入候補者の条件で分類するための設問設計が必要となる．以下に，その注意点を示す．

①回答者がカテゴリー商品の購入を検討しているかどうか確認するため，銘柄認知，製品内容に関する認知，購入意向などのレベルを把握するための尺度設問(5段階尺度など)を設定する．

②調査後のデータ分析の際，商品に関する認知レベルが高く，購入意向のある回答者のデータを集計し，分析する必要がある．例えば，銘柄認知設問(「5　どのような商品かよく知っている」「4　名前もイメージもできる」「3　名前は知っているがイメージできない」「2　名前しか知らない」「1　名前も知らない」)で，5および4と回答した回答者を対象者と

する.

(7) 調査方法について

　商品の魅力度調査と顧客満足度調査は，上記の(5)で解説したように市場を俯瞰できる調査の役割を担っていることを考えると，市場全体からランダムサンプリング(層化二段抽出法[4]など)する必要がある.

　90年代頃は，調査会社が保有する被験者リストを活用し，郵送調査がメインであったが，昨今のように，インターネットの発展で，回答者候補リストの規模も桁違いに調査会社に集積されている時代では，被験者の年齢の偏りや，回答者特性や回答傾向の偏りも少なくなってきているため，調査票ボリュームが比較的小さい調査については，ネット調査を活用する場面が多くなってきている．しかし，商品の魅力度調査と顧客満足度調査は，元来，質問項目が顧客特性から商品評価，認知経路，購入検討プロセスと，顧客・消費者行動および顧客・消費者意識を幅広く取り込んだ調査であるため，質問量のボリュームを考えると，ネット調査には不向きと考えられている．その結果，従来どおり，郵送調査や留置き調査[5]が使われていることが多い．

6.3　開発者が独自に行う調査の調査設計

6.3.1　商品の魅力度実験調査(新技術の採用選定)について

　第2章では，開発者自らが独自に行う3つの調査について，調査・分析の目的，目的達成の分析結果イメージの描写まで解説した．本節では，調査活動を実施する場合の調査計画・設計の仕方について解説する．

　この実験調査は，設定された魅力的品質項目や品質企画に対して，ターゲット顧客の要求レベルに保有の技術では応えられないとき，開発部門でストックされている新技術を採用選定するという場面で行われる．先行開発された新技術は，プロジェクト開発の適用を目的に「新技術の受容顧客」「新技術のベネフィット」「新技術ベネフィットに対する価格感度」の情報が具備され，新技

術採用戦略のマップで管理されている．しかし，この情報で，即プロジェクト開発への採用が判断されることはない．商品企画部門が潜在ニーズを掘り起こし導出したターゲット顧客は，今までの顧客の価値観とは異なることを前提に企画されているため，新しいターゲット顧客での確認実験が必要となる．このとき，開発者は，先行開発した設計部署，研究所，協力会社などと協働することで，実験テストのための調査設計，試作品の製作，実査計画・運営，データ収集・分析など，開発プロジェクトへの採用に必要な情報を収集するために活動する必要がある．

(1) 新技術の採用選定における調査・分析の目的策定

魅力的品質の達成という開発課題に対して，達成する手段が開発者にない場合，新技術をプロジェクト開発に採用するという方策を考えるとよい．実際に開発された新技術がプロジェクト開発に適用される場合には，「新技術の受容顧客」「新技術のベネフィット」「新技術ベネフィットに対する価格感度」の情報を準備する必要がある．そして，この情報を用いて目的を達成させるために，「分析結果イメージの描写」「その結果を得るために必要なデータ形式」「調査方法をどのように市場分析活動として設計していくか」について順次解説していく．

(2) 目的達成のための分析結果イメージの描写と分析方法・調査設計の概要
① 調査回答者(の特性)の把握について

新技術の調査対象は，プロジェクト開発のターゲット顧客であることから，商品カテゴリーの購入候補者のなかから，顧客属性や，生活者・消費者行動で市場を細分化するための顧客の価値観構造調査と同一の設問を調査票に設定し，ターゲット顧客を分類できるようにしておく必要がある(表1.1を参照)．そして，被験者の募集をするときにも，顧客の価値観分析によるセグメント分類でターゲット顧客を選出する必要がある．こうして募集したターゲット顧客に新技術を評価してもらうことで，魅力的と感じてもらえる技術要素と特性値の最

適な組合せの情報を得る．

②新技術のベネフィットに対する分析手法と調査設計について

　新技術のベネフィットに関する情報を得るには，ターゲット顧客が実際に新技術を観察したり，触れたり，使用したりした結果を評価してもらう必要がある．この場合，新技術のベネフィットを構成する複数の技術要素と特性値を，実験計画で組み合わせて作成した試作品を用いたうえで評価テストを実施し，そこで得られた評価データを分散分析やコンジョイント分析する．そして，最も魅力的な技術の組合せを導出し，ターゲット顧客の魅力的品質の要求レベルに最適な設計要件を決定する(**図 6.5**)．こうして得られた情報は新技術企画書にまとめ，プロジェクト開発に提案し，採用検討につなげる．

$L_8(2^7)$ 実験計画

割り付け	A	B	A×B	C	A×C	e_1	e_2	集計得点	回答者(n=30)		
列番	[1]	[2]	[3]	[4]	[5]	[6]	[7]		No.1	No.2	…
1	1	1	1	1	1	1	1	138	5	5	
2	1	1	1	2	2	2	2	118	4	5	
3	1	2	2	1	1	2	2	126	5	5	
4	1	2	2	2	2	1	1	105	3	4	
5	2	1	2	1	2	1	2	109	3	3	
6	2	1	2	2	1	2	1	81	2	4	
7	2	2	1	1	2	2	1	99	2	3	
8	2	2	1	2	1	1	2	69	2	3	
成分	a	a	a		a		a				
		b	b			b	b				
				c	c	c					

分散分析表

要因	S	φ	V	F_0	
A	2080.1	1	2080.1	3328.2	**
B	276.1	1	276.1	441.8	**
A×B	1.1	1	1.1	1.8	
C	1225.1	1	1225.1	1960.2	**
A×C	36.1	1	36.1	57.8	*
e_1	1.1	2	0.6		
e_2	0.1	1			
計	3619.9	7			

最適平均値の推定＝$A_1C_1+B_1-T$＝4.4+3.72-3.5＝4.6

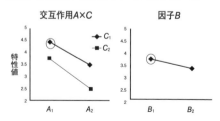

図 6.5　実験計画への割付け方法と分散分析のイメージ

③新技術のベネフィットに対する実験計画の割り付け方と注意点

開発者が技術要素と特性値を実験計画で割り付ける場合，目的変数が性能値であるならば，「どのような技術要素や特性値が関係しているのか」について容易に推測できる．しかし，顧客が評価する場合，人の感覚量に効く技術要素や特性値を予測することは難しいと考えられる．そこで，評価テストについてあらゆる可能性を考えて，技術要素の主効果だけでなく，交互作用も検討項目に加えて計画しておくことで，2因子の相乗効果なども導出できる．

例えば，図 6.5 の $L_8(2^7)$ 直交配置実験で，主因子の A を1列目，B を2列目，C を4列目に割り付け，交互作用 $A \times B$ を3列目，$A \times C$ を5列目に割り付けて実験し，この実験から収集したデータを分散分析してみる．すると，$A \times B$ は有意ではなく，$A \times C$ が有意であることがわかり，効用も A_1C_1, A_1C_2, A_2C_1, A_2C_2 の交互因子と B 因子から，最適条件での平均の推定値が得られ，最適な技術要素と特性値の組合せが選定できることになる．なお交互作用とは，図 6.6 のように，主効果のみの場合，特性値は因子 A と因子 B については独立で，単純にそれぞれの効用の加法性が成り立つが，交互作用のある場合，特性値は因子 A の水準変化に対して因子 B の効用値が変化するという「相乗効果や相殺効果」を意味している[6]．

④新技術のベネフィットに対する特性値（水準）の設定の仕方と注意点について

因子の効果を確認するには，水準の適切な設定が必要である．顧客の感覚量

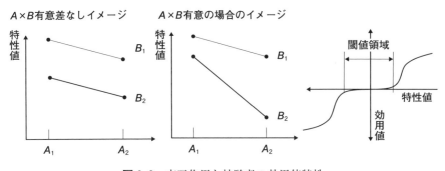

図 6.6 交互作用と被験者の効用値特性

には，図 6.6 のように反応領域に閾値があるので，「特性値と感覚量の間をリニアな関係を想定して特性値の水準幅を小さく設定してしまい，評価テストの結果，技術要素の効用が全く見られなかった」という失敗例は多い．実験計画を立てる場合，開発者は，事前に各技術要素に対する顧客の感度を下調べしておき，適切な特性値の検討を行うことが必要である．

⑤ 新技術のベネフィットに対する実験調査の実施方法と注意点について

図 6.5 のような場合は，割り付け表の 8 行に示された 8 種類の組合せのテストピースで，回答者ごとにランダムな順番で評価してもらい，魅力度評価のデータを得る（3.4.3 項で解説したフィッシャーの 3 原則を参照）．調査票は，試作品ごとに 5 段階評価（点数評価でもよい）してもらう設問形式である（図 2.11 を参照）．また，会場調査[7]の実査運営面で特に注意が必要なのは，回答者の評価バイアス問題である．展示品を使った調査の場合，回答者に同一条件のもとで評価してもらえるように，会場，展示の仕方（配置，ライティングなど），展示物（色，仕様，質感など），調査運営など，回答者の評価にバイアスがかからないような環境の整備が必要である．

⑥ 新技術のベネフィットに対する価格感度の把握について

新技術の場合，評価テストで回答者に妥当な価格を直接答えてもらっても，消費者としての経験則による回答が多く，その平均値を参考とするには信頼性が足りない．そこで，新技術の価値を「PSM (Price Sensitives Measurement)[8]」で測定した一人ひとりのターゲット顧客における価格感度データを累積したうえで，ターゲット顧客層全体の感度領域を度数分布で表すことで，受容できる価格帯が明確になるため（図 6.7），プロジェクト開発における新技術の採用の検討がしやすくなる．

以上の①〜⑥の項目で得られた評価情報を元に分析したターゲット顧客の新技術のベネフィットおよび価格感度の結果を，新技術の企画書にまとめてプロジェクト開発への採用を提案する．このとき，得られた情報は，企画書をベースに，新技術採用のポートフォリオにフィードバックし，他のプロジェクトへの参考情報として活用してもらうのがよい．

6.3 開発者が独自に行う調査の調査設計　　239

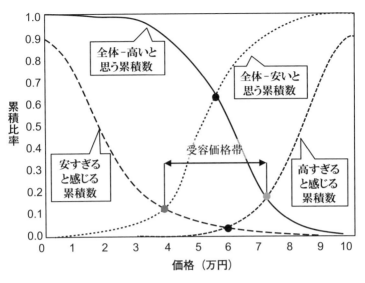

図6.7　価格受容性調査のイメージ

6.3.2 試作などによる確認実験での特性値の選定について

　製品企画の立案場面で開発者が顧客の要求レベルおよび競合状況の変化に既存技術の性能・機能をレベルアップすることで対応する場合，技術要素や特性値を変えて，顧客の満足を得るための最適な技術を選定する必要が出てくる．6.3.1項の(1)と同じ要領で，「技術要素(因子)と特性値(水準)」を実験計画で割り付けた試作品を用いたうえで，評価テストを行い，得られた評価データを分散分析およびコンジョイント分析すると，分析結果から，ターゲット市場顧客の要求項目に対する最適な技術要素と特性値を選定できるため，当り前・一元的品質に関する品質企画の策定に活用する．

6.3.3 現状の商品力調査(品質企画の最適値理解)

　2.3節で，「満足度が低い場合，競合商品における品質企画の最適値および特性値の検証」という調査目的が策定された．開発者は，製品発売後に顧客満

足度調査データを用いて，CSポートフォリオ分析(図5.12を参照)を行う．その分析結果の重要度の高い要求項目で満足度が低い場合，「目標として設定した特性値が適正だったのか」について，最新の競合他社商品の特性値と比較検討する必要がある．

この際，開発者の身の回りの情報から要因を推測し，対処できる場合は問題ないが，自社の製品開発の期間中に競合状況や顧客の価値観が大きく変化している場合には，改めて，市場の状況に合わせたさまざまな商品に対する顧客の実物評価による「現状の商品力調査」を実施し，満足度の低い要因を探ることが望まれる．この調査に使われる調査票は，定量調査の「商品の魅力度調査」と同じ形式にしたうえで，回答者もカテゴリー商品の購入候補者の条件にして，商品の関与度の高い人を回答者として募集する．

また，この調査では，満足度が低いという課題の要因を洞察するための情報収集が目的であるため，回答者が調査票を回答した後，必ずインタビューが受けられるように場を設定し，テーマである不満に関する項目や評価の低い項目について，その理由を聞き出すことで，要因の洞察に役立てるとよい．

第6章の参考文献

[1] Robert D. Buzzell and Bradley T. Gale (1985)：*The PIMS Principles*, The Free Press.(和田充夫，八七戦略研究会訳(1988)：『新PIMSの戦略原則』，ダイヤモンド社)
[2] 圓川隆夫，フランク・ビョーン(2015)：『顧客満足CSの科学と顧客価値創造の戦略』，日科技連出版社．
[3] 讃井純一郎，乾正雄(1986)：「レパートリー・グリッド発展手法による住環境評価構造の抽出」，『日本建築学会計画系論文報告集』，367号，pp.15-22．
[4] 後藤秀夫(1998)：『市場調査ベーシック』，日本マーケティング教育センター．
[5] 後藤秀夫(2001)：『市場調査ケーススタディ』，日本マーケティング教育センター．
[6] 谷津進(2011)：『すぐ役立つ実験の計画と解析 基礎編』，日科技連出版社．
[7] 後藤秀夫(2001)：前掲書5．
[8] 後藤秀夫(2001)：前掲書5．

あとがき

　筆者はかつて設計開発に携わった者として,「お客様の声をモノづくりに反映させることがいかに大変なことであるか」を理解している. 1980年代末頃に, A0用紙何枚分ものQFDチャートを作成している先輩に遭遇し, お客様の動作一つひとつを細かく要求項目に再現しようとすると,「こうなるのも無理はない」と感じた. また, 要求項目の細部についてお客様にアンケートやインタビューで尋ねても, 答えることができない部分が多いのが現実であった. それでも, お客様の要望に対する各社のレベルは上昇し, 2000年以降の商品企画の魅力的商品創造への取組みや, それに必要なマーケティング技術の進化も目の当たりにしてきた.

　このようななか, 開発者の方々は, 商品企画側の情報, 観察調査, 評価テストなどの得られた定量・定性情報を通じて, 要求品質展開表の行間の意味を解釈し, さらに顧客を洞察するなどのさまざまな工夫や苦労を重ねて製品開発を行っている. まさに, 開発側が顧客の潜在ニーズをいかに要求品質項目に展開していけるかは, 顧客の価値観を正確に理解し, 要求項目の背景にある顧客の行動や考え方を洞察分析し, 業務課題に落とし込むという能力にかかっているのではないか. だからこそ, 開発者の方々にも, ターゲット顧客を規定する市場細分化や商品選好要因を作り上げる顧客の価値観を理解してもらい, 魅力的品質の製品化を進めていく「市場分析の技術」が必要であると切に願っていた.

　本書執筆中には, 1990年代に経験した「お客様のNeeds/Wants把握活動」を思い出し, やり残した課題が多いことにも気づかされた. 今回この課題に挑戦できたことは, 丸山一彦先生を含め, これまで多くの品質管理分野でご指導・ご鞭撻をいただいた諸先生, 諸先輩方のお蔭であると改めて感謝している次第である. 本書が少しでも開発者の方々のお役に立てば望外の幸せである.

2018年11月

元 日産自動車株式会社　杉浦　正明

索　引

【英数字】

CS ポートフォリオ分析　188
CS ポートフォリオマップ　52
F 分布　143, 153
p 値　135
QFD　13
TQM　19, 26
t 検定　142
t 値　142, 144, 167
t 分布　142
z 分布　131

【ア　行】

当り前品質　19, 25
意思決定プロセス　2, 33
一元的品質　19, 25
因果分析　107
因子得点　205
因子負荷量　192, 204
因子分析　189
　——モデル　194
横断的調査　70

【カ　行】

回帰係数　120, 167
回帰推定法　205
回帰分析　118
回帰方程式　120
階層的クラスター分析　208
回答者属性　227
カイ二乗検定　150
カイ二乗値　91
カイ二乗分布　139, 150
解の不定性　199
開発者　11
　——視点　39, 40, 50
確率　141
　——分布　124, 128
　——変数　128
　——密度変数　128
　——論　61
仮説検証型　33
価値観構造調査　29, 30, 38, 40, 49
価値観軸　44, 52
価値観設問　51
カテゴリー　213
　——数量　182
間隔尺度　69
関係性分析　107
完全無作為計画法　80
観測変数　189, 193
企画書　24
企画品質設定表　16
棄却域　137
危険率　138
記述統計　97
　——学　60
基準変数解析　162
期待　24
　——効用　24
　——値　140
帰無仮説　136
競争力分析　39
共通因子　189, 192, 193
共通性　204

——の反復推定　198
局所管理　77, 82
寄与率　121, 122, 166
クラスター　208
　——分析　206
　——リング　208
グルーピング　207, 213
クロス集計　91, 111
計算的な行為プロセス　3, 73
計数値　69
計量値　69
現状の商品力調査　39, 50, 53, 240
検定手法　145
検定統計量　136
交互作用　157, 237
構造分析　94, 212
効用値　187
顧客属性　11
　——設問　52
顧客満足度調査　27〜29, 49, 225, 230, 233, 234
誤差　64
コトづくり　28
固有値　203
コンジョイント分析　186
コンセプトテスト調査　186

【サ　行】

最小二乗法　121
採点法　71
差の分析　107
残差　120

索 引

――の分析　175
散布図　91, 112
サンプリング台帳　73
サンプル　58
時系列データ　70
市場　12
市場分析　13
　　――活動　2, 27, 28, 33, 36, 48
　　――システム　33
　　――の技術　3
実験計画　45
　　――法　58, 76, 92
実験調査　26, 29
実験の計画　92
実験の配置　80
実験法　76
質的変数　69
社会調査法　58
主因子法　198
重回帰分析　118, 164
集計・グラフ化　89, 99
従属変数　118
自由度　105, 139
樹形図　209
順序尺度　67
消費行動設問　229
小標本空間　139
商品開発　10
　　――プロセス　6, 8〜10
商品カテゴリー　11
商品企画　16
　　――七つ道具　20
　　――部門　7
商品競争力　53
商品コンセプト　11, 19, 24
商品の魅力度実験調査　38, 40
商品の魅力度調査　28, 29, 38, 225, 230, 233, 234
商品ライフサイクル　17
商品力　28
処理機構　2
新技術のベネフィット　236
新商品　13
推測統計　97
　　――学　60
推定値　120
数理統計学　76
数量化Ⅰ類　181
数量化Ⅲ類　212
スネークプロット　110
生活者行動設問　229
正規分布　131, 135
　　――型　104
正の相関　113, 116
製品　10
製品開発　11
　　――手法　13
　　――部門　20
製品企画　16, 20
製品設計　20
成分　217
セグメント　11
設計品質設定表　16
説明変数　118, 162
選好ベクトル　41, 220
全数調査　59, 72
相関関係　113
相関係数　91, 114, 116
相関分析　91, 112, 117
相互依存変数解析　162
創造的な思考プロセス　3, 5

訴求レベル　25

【タ 行】

ターゲット顧客　12, 41, 51, 59
ターゲット市場顧客　11, 40, 41, 51
大数の法則　129
大標本空間　138
対立仮説　137
多重共線性　165
多変量解析　95, 161
ダミー変数　178
単回帰分析　118
単純構造　200
中心極限定理　129
調査・分析　34
調査体系　26, 28
調査法　59
直交配列実験　82
直交表　82, 84, 158
データ　58
　　――収集プロセス　2, 33, 64
　　――処理　97
　　――の型　69
　　――分析　2〜4, 33
統計　55
統計学　1, 2, 55, 56, 58, 60, 88
　　――の技術　58, 60
　　――の体系　88
　　――の迷宮　86
統計的記述　60
統計的検定　123
統計的推論　60, 61, 63
統計量　90, 123
洞察分析　30
独自因子　193

索 引

独立性の検定　150
独立変数　118

【ハ　行】

パネル調査　70
ばらつき　57, 101, 105
バリマックス回転法　200
範囲　184
非階層的クラスター分析　208
比較分析　16
ヒストグラム　100
非標本誤差　64
非復元抽出　65
標準化　109
標準誤差　66, 167
標準正規分布　133
標準偏差　106
標本　59, 61
　　──誤差　64, 66, 67
標本抽出　59, 61, 72
　　──法　60, 61
　　──枠　63
標本調査　59
標本平均　128, 141
　　──の分布　129
比率尺度　69
品質企画　23, 25, 44
品質特性　14, 22, 25
品質特性重要度　37, 40
品質表　13
フィッシャーの3原則　77
負の相関　113, 116
不偏推定量　140, 141
不偏分散　105, 106, 139

プロジェクト体制　7
分割表　92, 111
　　──の検定　149
分割法　82
分散　105
分散の比の検定　145
分散分析　76, 93
　　──表　156
　　──法　152, 156
分布の形　101
平均値　102
　　──の差の検定　146
偏差平方和　105
変数　58
　　──減少法　174
　　──除去基準　174
　　──増加法　173
　　──増減法　174
　　──取り込み基準　173
　　──の型　69
偏相関係数　169, 184
変動係数　109
変量　58
ポジショニング分析　218
ポジショニングマップ　220
母集団　59
母数　128, 131
母標準偏差　128
母分散　128
母平均　128

【マ　行】

マスター品質表　25
マッピング分析　41, 52, 218

魅力的品質　19, 24
無作為抽出　61
　　──法　61, 62, 65
無作為標本　61
無の相関　113
名義尺度　67
目的変数　118, 162
問題発見型　33

【ヤ　行】

有意水準　134, 137
有意抽出法　62
要因配置実験　80
要因分析　41, 44, 94, 118
要求　19
要求品質　14, 20, 22
　　──重要度　16, 44
　　──展開表　14
要求レベル　23, 25
要約　55, 57
　　──量　90
予測値　120
予測モデル　118

【ラ　行】

ラテン方格　93
乱塊法　80
ランダムサンプリング　62
離散型変数　126, 140
離散量　69
量的変数　69
理論分布　124, 144
累積寄与率　203
連続型変数　126, 142
連続量　69

編著者・著者紹介
【編著者】
丸山　一彦（まるやま　かずひこ）（担当・まえがき，第 1 章～第 5 章）
生　　年　1970 年　三重県に生まれる．
経　　歴　成城大学大学院経済学研究科経営学専攻博士課程修了（博士（経済学））．
　　　　　成城大学経済研究所研究員，明治大学理工学部兼任講師，富山短期大学経営情報学科教授を経て，現在，和光大学経済経営学部経営学科教授（同大学院社会文化総合研究科教授を兼務）．
専門分野　ものづくり研究のなかの「新商品開発マネジメント，創造アーキテクト，市場戦略論，購買行動分析，統計解析」など．
活動実績　マーケティング手法，消費者行動理論，ビジネス統計学などを用いて，さまざまな企業・団体で商品企画・開発の共同研究，講演セミナー，コンサルティングなどの価値創造活動を支援．2001 年に日経品質管理文献賞受賞．2013 年 3 月 2 日　日本テレビ系列「世界一受けたい授業」出演．
主な著書　『ヒットを生む商品企画七つ道具　よくわかる編』（共著，日科技連出版社，2000 年），『ヒットを生む商品企画七つ道具　すぐできる編』（共著，日科技連出版社，2000 年），『顧客価値創造ハンドブック』（分担執筆，日科技連出版社，2004 年），『戦略的顧客満足活動と商品開発の論理』（ふくろう出版，2008 年），『新版　品質保証ガイドブック』（分担執筆，日科技連出版社，2009 年），『地球環境時代の経済と経営』（分担執筆，白桃書房，2011 年），『エンタテインメント企業に学ぶ競争優位の戦略』（創成社，2017 年）

【著者】
杉浦　正明（すぎうら　まさあき）（担当：第 1 章，第 2 章，第 6 章，あとがき）
生　　年　1953 年　神奈川県に生まれる．
経　　歴　名古屋大学大学院工学研究科修士課程修了（機械工学修士）．
　　　　　日産自動車株式会社車体設計部，商品開発企画室技術主担，商品企画本部商品戦略室市場調査グループ技術主担を経て，日産自動車株式会社を定年退職．現在，市場調査コンサルタント，日本品質管理学会認定　上級品質技術者．
活動実績　日産自動車において，車体設計部でドア，サンルーフ設計に従事し，商品開発企画室では，技術主担として開発部門の「お客さま Needs / Wants 把握活動」に取り組み，商品企画本部では，多くの商品企画の市場調査活動に従事．市場調査・分析に関する人材育成の社内教育も行ってきた．

開発者のための市場分析技術
―顧客を洞察するための分析アプローチ―

2018年12月25日　第1刷発行

編著者	丸山一彦
著者	杉浦正明
発行人	戸羽節文

検印
省略

発行所　株式会社 日科技連出版社
〒151-0051　東京都渋谷区千駄ヶ谷5-15-5
DSビル
電話　出版　03-5379-1244
　　　営業　03-5379-1238

Printed in Japan　　印刷・製本　東港出版印刷

© Kazuhiko Maruyama, Masaaki Sugiura 2018
ISBN 978-4-8171-9659-0
URL http://www.juse-p.co.jp/

本書の全部または一部を無断で複写複製(コピー)することは，著作権法上での例外を除き，禁じられています．